Emrah Yücesan

Mezyal Temporal Lob Epilepsisinde Apoptotik Genlerin Ekspresyonları

Emrah Yücesan

Mezyal Temporal Lob Epilepsisinde Apoptotik Genlerin Ekspresyonları

Türkiye Alim Kitapları

Impressum / Yayınevi adı
Bibliografische Information der Deutschen Nationalbibliothek: Die Deutsche Nationalbibliothek verzeichnet diese Publikation in der Deutschen Nationalbibliografie; detaillierte bibliografische Daten sind im Internet über http://dnb.d-nb.de abrufbar.

Deutsche Nationalbibliothek tarafından yayınlanan bibliyografik bilgiler: Deutsche Nationalbibliothek, bu yayını Deutsche Nationalbibliografie'de listeler; detaylı bibliyografik bilgi İnternet'te http://dnb.d-nb.de sitesinde mevcuttur.

Coverbild / Kitap kapağı resmi: www.ingimage.com

Verlag / Yayıncı:
Türkiye Alim Kitapları
ist ein Imprint der / yayınevinin bir ticari markasıdır
OmniScriptum GmbH & Co. KG
Heinrich-Böcking-Str. 6-8, 66121 Saarbrücken, Deutschland / Almanya
Email / E-posta: info@turkiye-alim-kitaplary.com

Herstellung: siehe letzte Seite /
Basım yeri: son sayfaya bakın
ISBN: 978-3-639-67074-5

Mezyal Temporal Lob Epilepsisinde Apoptotik Genlerin Ekspresyonları

Emrah Yücesan

İTHAF

Annem'e ve Babam'a ithaf ediyorum

TEŞEKKÜR

Staj dönemimden başlayarak yüksek lisans öğrenimim boyunca bilgisini ve desteğini benden esirgemeyen danışman hocam Sayın Prof. Dr. Uğur Özbek'e,

Bu çalışmanın ortaya çıkmasında ve her aşamasında kendisini yanımda hissettiğim, bilgi ve deneyimlerini paylaşan ve bana her şeye rağmen sabredebilen Sayın Doç. Dr. Nerses Bebek'e,

Tezimle ilgili olarak ve her sıkıştığımda yardımını benden esirgemeyen, tezimde bana yol gösteren Sayın Dr. Sibel A. Uğur İşeri'ye,

Çalışmamın her aşamasında bana yapıcı eleştirileriyle yol gösteren Sayın Doç. Dr. Müge Sayitoğlu ve Uzm. Bio. Özden Hatırnaz'a,

Epilepsi konusunda birlikte çalıştığımız, desteklerini ve önerilerini benimle paylaşan ve bana yardımcı olan Uzm. Mol. Bio. Feyza N. Tuncer ve Mol. Bio. İlker Karacan'a,

Sıcak, sevecen ve espirili kişiliği ile hep yanımda yer almış olan Uzm. Bio. Özkan Özdemir'e,

Hocalığı ve arkadaşlığıyla her zaman desteğini gördüğüm Sayın Doç. Dr. Burçak Vural'a,

Tam on senedir staj dönemlerimizden itibaren hep yanımda olan ve en olumsuz anlarda bile yardımını esirgemeyen, lisans ve yüksek lisans dönemimdeki en büyük destekçim olan Uzm. Tıbbi Bio. Yücel Erbilgin'e,

Tezimin özellikle deneysel kısımında yardımcı olan Bio. Suzin Tatonyan' a

Bilimsel ve sosyal desteklerini hep yanımda gördüğüm İ.Ü. DETAE Genetik Anabilim Dalı'ndaki tüm arkadaşlarıma,

Maddi ve manevi olarak her zaman yanımda olan annem Ayşe Yücesan, babam Mustafa Yücesan ve kardeşim Emre Yücesan'a

Teşekkür Ederim.

İÇİNDEKİLER

TABLOLAR LİSTESİ

ŞEKİLLER LİSTESİ

SEMBOLLER / KISALTMALAR LİSTESİ

Apaf-1: Apoptotik peptidaz aktive edici faktör

BAX: BCL2 ilişkili X proteini

BCL-XL: BCL2 benzeri 1

BCL2: B hücreli lenfoma 2

CASPASE 3: Apoptoz ilişkili sistein peptidaz 3

CASPASE 9: Apoptoz ilişkili sistein peptidaz 9

cDNA: Komplementer DNA

DNA: Deoksiribonükleik asit

EEG: Elektroensefalografi

FADD: FAS ile ilişkili ölüm kısmı

FAS: Tümör nekroze edici faktör reseptör süper ailesi üye 6

GABA: Gama amino bütirik asit

HS: Hipokampal skleroz

mRNA: Haberci RNA

MTLE: Mezyal temporal lob epilepsisi

MTS: Mezyal temporal skleroz

OD: Optik yoğunluk

PZR: Polimeraz zincir reaksiyonu

RNA: Ribonükleik asit

RT-PZR: Gerçek zamanlı polimeraz zincir reaksiyonu

TLE: Temporal lob epilepsisi

TNFR1: Tümör nekroze edici faktör reseptör 1

TP53: Tümör protein p53

TRADD: TNF reseptörüyle ilişkili ölüm kısmı

ÖZET

Yücesan, E. (2011). Mezyal Temporal Lob Epilepsisi Patogenezinde Apoptoza Yol Açan Genlerin Ekspresyonlarının Araştırılması. İstanbul Üniversitesi Sağlık Bilimleri Enstitüsü, Genetik Anabilim Dalı. Yüksek Lisans Tezi. İstanbul.

Temporal lob epilepsisi (TLE) ilaca dirençli epilepsilerin en sık görülen tipidir ve tüm parsiyel epilepsilerin %50'sini oluşturur. Temporal lob kaynaklı, nöbetlerle karakterize hipokampal skleroz (HS) TLE'nin en fazla görülen nedenlerindendir. Etiyopatogenezi bilinmemesine rağmen HS oluşumunda sinaptik değişiklikler ve aksonal reorganizasyon görüldüğü rapor edilmiştir. MTLE'nin hipokampal patogenezinde kompleks değişikliklerin, apoptotik genleri de içeren çeşitli gen ve sinyal yolaklarının etkili olduğu gösterilmiştir. Bu çalışmadaki amacımız, cerrahi olarak çıkartılmış beyin dokularında, hipokampal skleroz patogenezinde rolü olduğu düşünülen iç ve dış apoptotik yolağa ait genlerin gen anlatım düzeylerini incelemekti. Çalışmamızda, 8 MTLE hastası ve 8 kontrol otopsisinden elde edilen insan hipokampal dokularında, apoptotik yolak genlerinin anlatım düzeyleri TaqMan hidroliz probu kullanılarak RT-PZR (gerçek zamanlı polimeraz zincir reaksiyonu) yöntemi ile incelendi. Rölatif anlatım düzeyleri delta Ct metoduna göre hesaplandı ve sonuçlar Mann Whitney U testi ile karşılaştırıldı. Çalışmamızın önemi, insan beyin dokusunda apoptoz ile ilişkili genlerin gen anlatımlarının incelendiği sayılı çalışmalardan biri olmasıdır. Yapılan immünohistokimya çalışmalarında, insan hipokampal dokularında apoptotik protein seviyelerinde artış rapor edilmiştir. Çalışmamız sonucunda, dış yolakta görevli olan *TNFR1* ve *FAS* genlerinde yüksek anlatım düzeyleri belirlenmekle beraber istatistiksel olarak anlamlılık ifade etmemektedir ($p= 0.146$, $p= 0.062$). Ayrıca hasta ve kontrol örnekleri arasında da iç yolak genleri için (*TP53*, *BAX*, *BCL2*, *CASPASE3* ve *CASPASE 9*) gen anlatımı düzeyinde istatistiksel olarak anlamlı bir fark bulunamamıştır ($p= 0.865$, $p= 0.141$, $p= 0.865$, $p= 0.534$, $p= 0.152$). Artmış HS örnek sayısı ile çalışılması ve doku bankamızın genişletilmesiyle MTLE patogenezinde apoptoz ilişkili genlerin olası rolünün aydınlatılması sonraki hedeflerimizi oluşturmaktadır.

Anahtar Kelimeler : Epilepsi, Apopotoz, Mezyal Temporal Lob Epilepsisi, Hipokampal Skleroz, Gen anlatımı.

ABSTRACT

Yücesan, Emrah. (2011). Investigating the expression of apoptosis related genes in Mesial Temporal Lobe Epilepsy. Istanbul University, Institute of Health Science, Department of Genetics. Master's Thesis. İstanbul.

Temporal lobe epilepsy (TLE) is one of the most frequent types of intractable epilepsy and comprises 50% of all partial epilepsies. Hippocampal sclerosis (HS), one of the most common causes of TLE, is characterized by seizure generation from the temporal lobe. Although etiopathogenesis is unknown, changes in synaptic and axonal reorganization have been reported during the course of HS. Complex alterations leading to hippocampal pathogenesis of MTLE suggest involvement of various genes and signaling pathways including apoptosis. In this study our aim was to explore the role of both extrinsic and intrinsic apoptotic pathway genes in the pathogenesis of hippocampal sclerosis through evaluation of gene expression in surgically removed human brain tissues. Herein we investigated gene expression profile of apoptotic pathway genes in human hippocampal tisuses that obtained from 8 MTLE patients and 8 autopsy controls by using RT-PCR with TaqMan hydrolyzis probes. Relative expressions were calculated according to the delta Ct method and results were compared with Mann Whitney U test. Significance of our study resides in the fact that it is among the one of the first apoptosis related genes' expression analyses in the human brain tissue. Previous immunohistochemistry reports have shown that the levels of the apoptotic proteins in human hippocampal tissue are increased. There is high expression for extrinsic pathway genes such as *TNFR1* and *FAS*, however expression results are statistically not significant ($p= 0.146$, $p= 0.062$). In addition, we didn't find any significant difference between patients and controls for intrinsic pathway genes' expression levels ($p= 0.865$, $p= 0.141$, $p= 0.865$, $p= 0.534$, $p= 0.152$ respectively). Our future aims are to work with more HS samples and to expand our tissue bank to enlighten the possible role of apoptosis-related genes in the pathogenesis of MTLE.

Key Words: : Epilepsy, Apoptosis, Mesial Temporal Lobe Epilepsy, Hippocampal Sclerosis, Gene Expression.

1. GİRİŞ VE AMAÇ

Epilepsi, toplum içerisinde %1 sıklıkta görülen, beyindeki hiperaktiviteye bağlı olarak ortaya çıkan, spontan tekrarlayan nöbetlerle karakterize bir sendromdur. Epilepsilerin kökeni, etyolojileri ve hastalığın seyri sendromun alt tiplerinde farklılık gösterebilmektedir. Beynin tamamını etileyebilen jeneralize epilepsiler olabildiği gibi beynin sadece bir kısmını etkileyebilen parsiyel epilepsiler de mevcuttur. Parsiyel epilepsilerin yaklaşık %60-70 kadarı temporal lob kökenlidir. Bu grupta en sık rastlanan patoloji ise hipokampal sklerozdur (HS), diğer bir adı ise mezyal temporal sklerozdur (MTS). MTS antiepileptik ilaç tedavisine dirençli epilepsiye en sık neden olan sendromdur. Cerrahi operasyon ile (amigdalohipokampektomi) MTS' li hastalarda %70 oranında iyileşme sağlanmaktadır.

MTS'nin etyopatolojisi günümüzde halen açıklığa kavuşturulamamıştır. Epileptogenezin oluşumuna bağlı olan bir başlangıç hasarının bu hastalığın gelişiminde etkili olabileceği düşünülmektedir Tam olarak belirlenemeyen başlangıç hasarını takiben sessiz (latent) bir evreden sonra kendiliğinden nöbetlerin ortaya çıkması epileptogenez için çok tipiktir. Bu sessiz evrede çeşitli etkenlere bağlı olarak hücre ölümü, aksonlarda filizlenme ve sinaptik reorganizasyon meydana gelir. Ancak halen epileptogenez süreci tam olarak anlaşılabilmiş değildir. Epileptogenezi ve bu süreçte yer alan genleri ve bu genlerin görevlerini belirleyebilmek sürecin açıklanması hakkında yardımcı olacaktır. Bu amaçla model organizma kullanımı yada insan hipokampal materyali ile yapılacak çalışmalar yol gösterici olabilecektir. Model organizmalarda epilepsi oluşumu ve nöbetlerin kliniği insanlarla paralellik göstermektedir.

Mezyal temporal lob epilepsisinde görülen hipokampustaki değişikliklerin patogenezi, skleroz oluşum sürecinde pek çok farklı sinyal yolağının etkili olabileceğini düşündürmektedir. MTS' de görülen hücre ölümünün anlaşılabilmesi ve bu sırada meydana gelen hücresel düzeydeki değişimlerin değerlendirilmesi çalışmamız için çıkış noktası olmuştur. Bu nedenle literatürle de uyumlu olarak apoptotik yolaktaki başlıca genleri inceledik. Bu genler apoptoz oluşumundan sorumlu oldukları bilinen iki büyük alt grup olan iç ve dış yolakta bulunan ve apoptoz oluşumuna yol açan (proapoptotik) veya apoptoz oluşumunu engelleyen (anti-apoptotik) genler arasından belirlendi. Bu genler sırasıyla *BCL2, BAX, TP53, CASPASE3, CASPASE9, TNFRSF1* ve *FAS* genleri. Bu genlerin anlatım düzeylerinin incelenmesi skleroz oluşumunda apoptozun etkinliğini daha net ortaya çıkartacaktır.

Çalışmamızın, literatürdeki insan beyin materyali ile yapılan sınırlı sayıdaki çalışmadan biri olması, önemini göstermekte ve anlamlılığını açıklamaktadır. Sonuç olarak elde ettiğimiz verilerle ilişkili olarak MTLE ve epileptogenez ilişkisine ışık tutmayı amaçlamaktayız.

2. GENEL BİLGİLER

2.1. Epilepsiler

2.1.1. Giriş

Epilepsi nöbeti, beyinde bir grup nöronun ani, anormal, fazla elektrik deşarjına bağlı olarak ortaya çıkan klinik bir durumdur [1].

Epilepsi hastalığının doğal süreçler sonucu geliştiğini ve kalıtsal olduğunu ilk olarak "Kutsal Hastalık" adlı kitabında belirten kişi Hipokrattır [2]. Bu tespitten sonra 19. Yüzyıla kadar epilepsi hastalığının oluşumu ve altında yatan sebeplere ilişkin kayda değer bir gelişme olmamıştır. Geçen yüzyılın başından itibaren yapılan aile çalışmaları sonucunda epilepsinin kalıtsal bir hastalık olduğu gösterilmiş ve artan beyin görüntüleme teknikleri, elektrofizyolojik çalışmalar ve beyin cerrahisi uygulamları ile hastalıkla ilgili bilgiler artmaya başlamıştır [3]. Model organizma çalışmaları [4], ikiz çalışmaları[5], insan genomuna dair elde edilen kapsamlı bilgiler [6] ve teknolojik alt yapının artması hastalığın altında yatan patogenezi ve genetik özelliklerin anlaşılmasına katkı sağlamıştır. Epilepsi alanındaki çalışmalar özellikle dirençli epilepsilerin en sık nedeni olan TLE konusunda yoğunlaşmıştır. Epilepsi cerrahisinin gelişimine paralel olarak, insan beyin dokusu ile yapılan çalışmalar sürecin anlaşılması açısından önem taşımaktadır.

2.1.2. Epilepsilerin görülme sıklıkları

Epilepsilerin görülme sıklığı tüm toplumda %0,5-3 arasında değişmektedir [7]. Bazı epileptik nöbet tiplerinde etnik kökene göre anlamlı artış görülmektedir. Örneğin Japonya'da febril nöbetin görülme sıklığı diğer toplumlara göre oldukça artmış düzeydedir (%5) [8].

Ülkemizde İstanbul'da epilepsi ile ilgili yapılan kesitsel ve olgu kontrollü bir çalışmada, rastlantısal örnekleme yöntemi ile seçilen evler tek tek gezilerek, anket yöntemi ile tespit edilen bireylerden %2,65'inin epilepsi açısından riskli oldukları saptanmıştır. Bu saptananlardan nöroloji uzmanı tarafından muayene edilen, ailesel öyküsü alınan ve EEG sonuçlarından yararlanılarak epilepsi tanısı almış olanlardan %41,2'si parsiyel, %47'si jeneralize ve %11,8'i parsiyel yada jeneralize olup olmadıkları belirlenemeyen hastalardır [9].

2.1.3. Epilepsilerin Sınıflandırılması

Epilepsi hastalıkları nöbet tipleri ve sıklığı, başlangıç yaşı, etiyoloji, ilaca yanıt, tetikleyen faktörler, aile öyküsü, EEG ve görüntüleme, muayene bulguları kullanılarak belirlenmeye çalışılır. Burada asıl önemli olan ayrım nöbetin parsiyel olarak ya da jeneralize başlamasına göre yapılır. Anatomik lokalizasyona göre nöbetler temporal, frontal ya da oksipital lob kökenli olarak adlandırılır. Parsiyel nöbetlerde, bilincin korunması basit parsiyel, bilincin kaybolması kompleks parsiyel ayrımına yol açar. Jeneralize nöbetlerin çok sayıda tipi vardır. Fokal ya da jeneralize olduğu tanımlanamayan epilepsiler ve özel sendromlar da bulunmaktadır. Epileptik sendromlar ayrıca etiyolojiye göre idiyopatik, kriptojenik ve semptomatik olarak tanımlanır. İdiyopatik epilepsilerin genetik kökenli olduğu kabul görmektedir. Semptomatik epilepsiler kesin olarak tanımlanmış spesifik beyin lezyonları neticesinde oluşur. Bu özellikler epilepsinin, hastanın yaşam kalitesindeki etkisini, uygulanacak tedaviyi ve prognozu etkiler. Ayırıcı tanı, epilepsi sendromunun belirlenmesi ve doğru tedavinin uygulanması ancak nöbetlerin iyi incelenip anlaşılması ile mümkün olabilir. Tekrarlamayan tek bir nöbet ya da yüksek ateş, alkol kesilmesi gibi akut, geri dönüşümlü sebeplerden kaynaklanan nöbetler epilepsi olarak kabul edilmez [10].

Epilepsileri nedenleri açısından dört grupta sınıflandırabilriz.

1-İdiyopatik epilepsiler: Nedeni bilinmeyen yada genetik kökenli olan epilepsiler

2-Sempomatik epilepsiler: Beyinde önceden meydana gelen bir lezyon sonucu görülen epilepsilerdir.

3-Kriptojenik epilepsiler: Nedeni araştırmalara rağmen belirlenemeyen ancak semptomatik epilepsi özellikleri gösteren epilepsilerdir.

4-Sistemik metabolik yada toksik nedenli görülen epilepsiler.

Epilepsiler nöbetin kaynaklandığı yere göre parsiyel (fokal) yada jeneralize olarak sınıflandırılabilirler. MTLE'nin de içinde bulunuduğu parsiyel epilepsiler beynin belirli bir bölgesinden köken alır, frontal, pariyetal, oksipital yada temporal lob kökenli olabilirler. Jeneralize epilepsilerde nöbetler beynin tüm bölgelerinin birden etkilenmesiyle ortaya çıkar. Hem parsiyel hem de jeneralize nöbetler idiyopatik yada semptomatik olabilirler [11].

2.1.4. Epilepsi Nöbetlerinin Sınıflandırılması

Epileptik nöbetlerin sınıflandırılması 1981 yılında Uluslararası Epilepsi Savaş Derneği'nin (ILAE) düzenlemesi ile yapılmıştır [12]. 1989 senesinde yine aynı dernek tarafından epilepsi hastalıklarının sınıflandırılması güncellemiştir [13].

2.2. Mezyal Temporal Lob Epilepsisi (MTLE)

MTLE tüm parsiyel epilepsiler arasında en sık görülendir ve bu patolojide en sık görülen özellik MTS'dir [7]. MTS'de aile öyküsüne idiyopatik epilepsilerde olduğu kadar olmamakla birlikte sık rastlanır. Genellikle antiepileptik ilaç tedavisine dirençlidir. Başlangıç yaşı değişmekle birlikte sıklıkla yaşamın ilk dekatında sık görülür. Başlangıç hasarını takiben bazen senelerce sürebilen bir latent faz gözlemlenir. MTS'nin köken aldığı hipokampus bir gri cevher tabakası olup lateral ventrikülün alt boynuzu boyunca uzanır ve evrimsel olarak en eski beyin bölümlerindendir. Hipokampus doğrudan limbik sistemle ilişkilidir ve temel görevi hafıza ve öğrenmedir. Yeni edinilen bilgilerin depolanmasında da görevlidir. Hasarlanması durumunda kısa süreli hafıza, uzun süreli hafızaya dönüşemez. Hastada lezyon eğer sağ tarafta ise görsel, sol tarafta ise sözel hafıza etkilenir [14].

Semptomatik parsiyel epilepsilerin %20-30'u antiepileptik ilaç tedavisine dirençlidir [7,15]. MTS tedaviye dirençli epilepsiye en sık neden olan sendromdur ve cerrahi tedavi ile (amigdalahipokampektomi) %70-90 oranında nöbetler kontro altına alınabilir veya şiddeti ve sıklığı azaltılabilir [15].

2.3. Epileptogenez

Beyin dokusunda spontan tekrarlayan nöbetlerin meydana gelme süreci olarak kısaca tanımlanabilir [16]. Bu değişikliler beynin belli bir bölgesini yada tamamını etkileyecek şekilde olabilir. Epileptogenez ilerleyici bir süreçtir, başlangıç hasarını takiben sessiz bir dönem oluşur, bu sessiz dönemden sonra spontan nöbetler ortaya çıkar ve bu sırada çeşitli çevresel ve genetik faktörlerin etkisiyle aksonlarda filizlenme, sinaptik reorganizasyon ve *hücre ölümü* meydana gelir. Tüm bu süreçler birkaç gün içinde olabileceği gibi sürecin tamamlanması aylar ya da senelerce de sürebilir [17]. Epileptogenez sırasında meydana gelen değişimler henüz tam anlamıyla açığa kavuşturulamamıştır ancak sessiz dönemde meydana gelen değişikliklerin, nöronal aşırı duyarlılığın artması ve buna bağlı olarak spontan nöbetlerin ortaya çıkışı ile sonuçlanan hücre ölümü, nörotransmitter salınmasında meydana gelen değişikliklerle ilişkili olabileceği düşünülmektedir [18]. Bu süreçte genetik ve çevresel faktörlerin bir arada rol oynadığı düşünülmektedir.

Epileptogenez ile ilgili olarak gerek insan gerekse model organizmalarla yapılan çalışmalarda beyindeki piramidal nöronların öldüğü ve bu bölgede yeni sinaptik bağlantıların ortaya çıktığı gösterilmiştir [19]. Sağlıklı bir insanın beyninde GABAerjik ve glutamaterjik mekanizmalar nöronal duyarlılığın dengeli bir şekilde sürdürülmesinden sorumludur. Epileptogenez sırasında meydana gelen *nöron ölümü* sonucu inhibitör mekanizmada görevli olan GABA seviyesinde azalma ve bunun sonucunda artmış duyarlılık görülebilir [19]. MTLE'de görülen hipokampal skleroz'daki değişikliklerin karmaşıklığı patogenezde birden fazla etkenin görevli olduğunu göstermektedir ancak ilaca dirençli MTLE hastalarının hipokampus dokularındaki değişiklikler hastalığın ilerlemiş, kronik dönemini yansıtmaktadır. İnsanda erken dönem dokulara gen anlatımı düzeylerini incelemek amacıyla ulaşılamaz, bu nedenle model organizma kullanmak epileptogenez sürecini anlamak için daha kolay ulaşılması açısından sık olarak kullanılmaktadır.

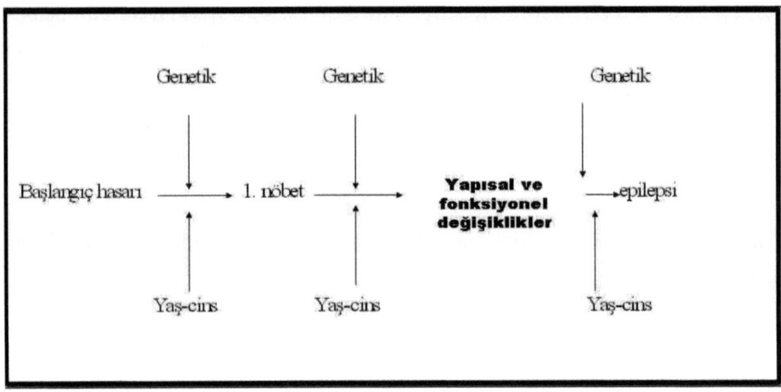

Şekil 2-1: Epileptogenez gelişim şeması

2.4. Apoptoz

Diğer adı programlı hücre ölümü olan apoptoz, hücrelerde fizyolojik ya da patolojik süreçlerde gözlenebilen tek bir hücrenin homeostazın devamı için adeta kendisini feda etme sürecidir [20]. Apoptozis, organizmanın gelişimi sırasında görülen şekliyle fizyolojik bir süreçtir buna örnek olarak el ve ayak parmak aralarının embriyo gelişimi sırasında açılması verilebilir [21,22]. Canlının başarılı bir şekilde organ gelişimini tamamlayabilmesi apoptoz varlığında mümkündür [23]. Apoptoz ayrıca patolojik süreçlerde de yine organizmanın homeostazının sağlanması sırasında görülebilir, örneğin liken planus'ta görülen "civatte cisimcikleri" ya da alkolik karaciğer hastalığında görülen "councilman cisimcikleri" birer apoptotik cisimciktir [24,25,26]. Bunlarda tıpkı fizyolojik süreçlerdeki gibi organ bütünlüğünün korunması için hücrenin kendisini feda etmesi ile sonuçlanan başarılı apoptotik süreçlerdir. Apoptoz mekanizması tüm metazoonlarda ortak yolaklara sahiptir ve evrimsel süreçte korunmuş olan bir mekanizmadır [27]. Apoptozun düzensiz olması başta kanser ve otoimmün hastalıklar olmak üzere akut ve dejeneratif birçok hastalığa da yol açmaktadır [28,29].

Terim olarak apoptoz ilk kez 1972 senesinde Kerr ve arkadaşları tarafından özel bir morfoloji gösteren hücre ölümlerinin tanımı için kullanılmıştır. Kerr ve arkadaşları yaptıkları çalışmalarda apoptoza uğrayan hücrelerin çekirdeklerinin yoğunlaştığını ve hücre içeriklerinin zar ile çevrili kesecikler içerisine alındığını belirlemişler ve bunların komşu hücrelerin yardımıyla elendiğini gözlemlemişlerdir [30].

2.4.1. Nekroz ve Apoptoz

Genel olarak canlı organizmada iki farklı ölüm biçimi vardır bunlardan bir tanesi apoptoz diğeri ise nekrozdur [31]. Apoptoz hem fizyolojik hem de patolojik süreçlerde gözlemlenebilir fakat nekroz hemen her zaman patolojik süreçlerde gözlemlenir [32]. Hem apoptozda hem de nekrozda hücreler ölüme gider fakat bu olay apoptozda kontrollü ve düzenli olurken nekrozda kontrolsüz bir şekilde meydana gelir sonuç olarak enflamasyon görülür [33,34]. Apoptozda hücre kendi ölümü sırasında aktif olarak rol alır ve her aşamasına katılırken nekrozda durum bunun tersidir. Nekrozda patlayan hücrenin içerikleri komşu hücrelere de zarar verir, apoptozda ise komşu hücreler etkilenmez sadece apoptoza uğrayan hücrede ölüm gözlenir [35,36]. Nekroz patolojik süreçlerde görülmekle birlikte kendi içinde alt gruplara ayrılır. Başlıca nekroz tipleri şunlardır.

Koagülasyon nekrozu: En sık görülen nekroz tipidir. Koagüle hücre en azından birkaç gün süreyle ana hatlarını korur. Nedeni kan akımı azalmasına bağlı olarak zedelenme ve ilerleyen asidoz ve yapısal proteinlerle birlikte enzimatik proteinlerin de denatüre olmasıdır, böylece hücrenin proteolizi bloke edilir. Koagülasyon nekrozu beyin dışında hipoksik ölü hücrelerin karakteristik lezyonudur.

Likefaksiyon nekrozu: Otoliz veya heteroliz sonucu oluşur. Bakterilerin lökosit birikimi için güçlü uyarıcı olduklarından özellikle fokal bakteriyel enfeksiyonlar (apse) için karakteristiktir. Merkezi sinir sisteminde hipoksik hücre ölümü likefaksiyon nekrozu yaparken kalp kası, karaciğer hücresi ve diğer hücrelerde koagülasyon nekrozu görülür.

Kazeifikasyon nekrozu: Koagülasyon nekrozunun bir biçimidir. Peynirimsi görünüm vardır. En sık tüberküloz enfeksiyonlarında rastlanır. Granülomlarda sık görülür.

Enzimatik yağ nekrozu: Anormal aktive pankreas enzimlerinin pankreas dokusu ve periton boşluğuna serbestleşmesiyle yağ dokuda oluşan fokal yağ harabiyet alanıdır. Nekrotik alana kalsiyum çöker. Memede travmaya bağlı olarak sık görülür.

Gangrenöz nekroz: Koagülasyon nekrozu ve likefaksiyon nekrozunun bir arada görülmesidir. Örnek olarak diyabetik ayak verilebilir.

Fibrinoid nekroz: Genellikle damar duvalarında görülür, örnek olarak vaskülitler verilebilir.

Yukarıda da bahsedildiği üzere apoptoz gibi bir çeşit hücre ölümü olan nekroz farklı alt tiplere sahip olmakla beraber süreç her zaman patolojiktir. Apoptoz ise patolojik olabilmekle birlikte fizyolojik değişimlerde de görülebilir. Apoptozda görülebilen fizyolojik süreçlere birkaç örnek vermek gerekirse; embriyogenez sırasındaki organ involüsyonları, hormonal involüsyonlarda (menstrüasyonda endometriyal hücrelerin dökülmesi, postmenapozal over folliküllerinin atrezisi) yada timusta otoreaktif T hücrelerinin ölümü [37].

2.4.1.1. Nekrozda görülen mikroskobik değişiklikler

Öncelikle eozinofili artışı görülür, sonra sırasıyla bazofili artması (azalan sitoplazmik RNA içeriği nedeniyle hematoksilen boyası ile boyanma olmaz bu da bazofili azalmasını açıklar), sitoplazmik vakouller görülür (glikojen azalması nedeniyle hücreler daha camsı ve homojen boyanırlar, enzimler organelleri sindirdikçe sitoplazmik vakoullerin oluşması ile hücrede yenik elma görüntüsü oluşur) ve son olarak kalsifikasyon gözlenir [38,39].

2.4.1.2. Apoptozda görülen mikroskobik değişiklikler

İlk olarak çekirdekteki kromatin büzüşür, sitoplazma koyu pembe bir hal alır. Çekirdek bir tarafa çekilir. Parçalanan kromatin içeriğini saran sitoplazmik tomurcuklar oluşur. Hücre küçük, bazıları çekirdek içeren bazıları içermeyen parçalara ayrışır. Oluşan bu parçacıklara apoptotik parçacıklar denir. Oluşan tüm bu parçacıklar çevredeki fagositik hücreler tarafından fagosite edilir. Bu parçacıkların makrofajlar tarafından fagositozunu kolaylaştıran moleküller fosfotitidilserin ve trombospondinlerdir. Bunlar apoptotik hücrelerin dış yüzeyinde bulunur [37,40,41]. Apoptozu nekrozdan mikroskobik olarak ayırmamızı sağlayan en önemli belirteçlerden bir tanesi de, apoptoz sırasında internükleozomal aralıklardan eşit uzunluklarda oluşan ve klasik jel elektroforezinde de kolayca görebileceğimiz merdiven paterni görüntüsüdür [42,43].

2.4.2. Apoptozun moleküler düzenlenmesi

Apoptoz için sinyal alındıktan sonra hücrede birçok biyokimyasal ve morfolojik değişim gözlenir. Apoptozun erken evrelerinde kaspaz proteinleri salınmaya başlar ve aktive olan bu proteinler hücresel birçok substratın kesilmesine hem aracılık eder hem de neden olur. Kaspaz enzimleri ayrıca hücrenin diğer sindirim enzimlerini de harekete geçirir. Apoptoz sinyali alan bir hücrede başlatıcı kaspazların aktivasyonları adaptör proteinler aracılığıyla tetiklenir. Bu adaptör proteinler başlatıcı kaspazları birbirine yaklaştırarak kümelenmelerini sağlar sonra bu kümelenen kaspazlar birbirlerini keserek aktive ederler. Aktive olan kaspazlardan bazıları laminin proteinlerini parçalarken bazıları ise hücre iskeletinde bulunan proteinlere saldırır. Bir diğer kaspaz ise DNaz serbestlenmesine yol açar ve bu sayede çekirdekteki genetik materyal parçalanır. Kaspaz enzimleri bir kere aktive olduklarında süreç artık geri dönüşümsüzdür. Hücre ölüme gider. Apoptoz sürecinin başlaması için organizmada iki büyük yolak vardır. Bunlardan bir tanesi mitokondri ile ilişkili olan iç yolak, diğeri ise hücre ölüm reseptörleri ile ilişkili olan dış yolaktır [44].

2.4.2.1. Apoptozda mitokondri ile ilişkili iç yolak

Mitokondri hücre ölümünün kontrol edilmesinde önemli bir role sahiptir ve hücrenin iki ana ölüm yolağından biri bu organelde gerçekleşir [45]. Mitokondri üzerinden apoptozun kontrol edilmesinde özellikle *BCL-2* ailesi proteinleri sorumludur [46]. *BCL-2* ailesi içinde hem apoptozun gerçekleşmesini sağlayan (proapoptotik) hem de apoptozu engelleyen (antiapoptotik) genler bulunmaktadır. Mitokondriyal apoptoz yolağı hem hücrenin dışından gelen uyarılarla hem de hücre içi DNA hasarı sonrası oluşan uyarılara karşı hücreler tarafından kullanılan en yaygın yolaktır. Hücrenin bu uyaranlara farklı yolakları kullanarak verdiği yanıtlar genellikle *BCL-2* ailesinin proapoptotik üyelerinin aktivasyonuyla mitokondride birleşir [46,47]. Bu proteinlerin sitoplazmik formları inaktif halde bulunurlar. Proapoptotik sinyaller bu proteinleri mitokondriye yönlendirir. Proapoptotik üyelerin aktivasyonu proteoliz yada defosforilasyon mekanizmalarıyla gerçekleşir. Proapoptotik ve anti apoptotik moleküller mitokondrinin yüzeyinde karşılaşırlar ve eğer proapoptotik mekanizma anti apoptotik mekanizmaya üstün gelirse mitokondriden sitokrom C salınır [48,49]. Sitokrom C, Apaf-1 ve prokaspaz 9 ile birleşir, sonrasında diğer kaspaz molekülleri aktifleşir en son noktada ise kesici kaspaz olan kaspaz 3' ün etkinleşmesi ile hücre apoptozu gerçekleştirir [50,51].

2.4.2.2. İç yolakta görevli olan *BCL-2* ailesi genleri

BCL-2 ailesi proteinleri apoptozun kontrol noktalarında görev alırlar [46]. 1988 yılında *BCL-2* proteinin apoptozu inhibe ettiği ve kanser gelişimine neden olduğu belirlenmiştir [52]. Bu ailede hem proapoptotik hem de anti apoptotik üyeler birarada bulunurlar [46,47]. Anti apoptotik üyeler, *BCL-2* ve *BCL-XL*' dir [48]. Proapoptotik üyeler ise *BAX*, *BAD*, *BID* başta olmak üzere diğer bazı *BCL-2* üyeleridir [53].

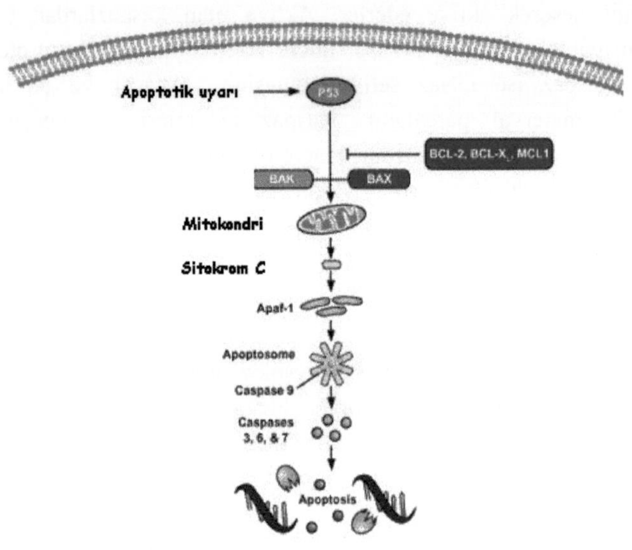

Şekil 2-2: Apoptotik iç yolak

(www.biooncology.com internet sitesinden alınmıştır)

2.4.2.3. Apoptozda ölüm reseptörleri ile ilişkili dış yolak

Ölüm reseptörleri olarak da bilinen yapılar TNF süper ailesine aittir [54]. En çok bilinen üyeleri *FAS (CD95)* ve *TNFR1*'dir [55,56]. Ölüm reseptörleri mekanizması *TNF* ve *FAS* sinyal iletim yolakları ile açıklanmıştır. Ligandın reseptöre bağlanması ile birlikte bu reseeptörler DISC (death inducing signalling complex) adı verilen karmaşık bir yapı oluşturmak üzere kümeleşirler. DISC, prokaspaz 8'i korur, prokaspaz 8 düzeyi artınca DISC'ten ayrılır ve otokatalitik aktivasyona uğrar. Daha sonra ise diğer görevli kaspazları aktive eder [57]. Ölüm reseptörleri ile ilgili olan bu yolak bazen de mitokondri ile ilişkili olan yolakla kesişebilir [58,59].

TNF yolağının aktivasyonu *TNFα*' nın *TNFR1*'e bağlanması ile başlar ve bunu reseptör trimerizasyonu izler [60]. Sitoplazmik kısımda hücre içi ölüm kısımları gruplaşmaya başlar [61]. Bunu hücre içi adaptör molekülü *TRADD*'ın komplekse katılımı izler [62].

Sonra *TRADD*, *FADD* ile ilişki kurarak prokaspaz 8'in aktivasyonunu sağlar ve prokaspaz 8'de aktifleşerek kaspaz 3'e kadar uzanan süreci indükler sonrasında hücre apoptoza gider [62,63].

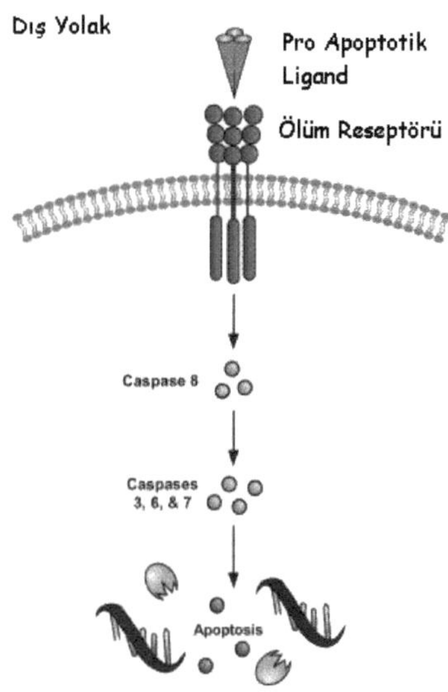

Şekil 2-3: Apoptotik dış yolak

(www.biooncology.com internet sitesinden alınmıştır)

2.4.3. Apoptoz ve *TP53*

TP53 ilk olarak 1979 yılında onkogen olarak tanımlanmış ancak daha sonra yapılan araştırmalarda en önemli tümör baskılayıcı genlerden bir olduğu belirlenmiştir [64,65]. *TP53*, 17. Kromozomda yerleşiktir ve 53 kDa'lık bir protein kodlar. *TP53* çeşitli genlerin anlatım düzeylerini kontrol eden bir transkripsiyon faktörüdür. Hücre döngüsünün normal olarak seyri de *TP53* ile sağlanır. *TP53*'ün en önemli görevlerinden bir tanesi de hücresel stres sırasında apoptozu tetiklemesidir [44,66].

2.4.3.1. *TP53* düzenlenmesi

Strese girmeyen ya da hasarlanmamış hücrelerde *TP53* konsantrasyonu belirlenemeyecek kadar azdır ve sitoplazmada tutularak çekirdeğe girişi önlenir [44]. Hücre içi düzeyi mdm2 proteininin varlığına bağlıdır ve *TP53* sıkı bir şekilde mdm2 tarafından kontrol altında tutulur. Mdm2 etkisini *TP53*'ün transaktivasyon bölgesine bağlanarak gösterir ve transkripsiyonu aktive etmesini önler [44,67].

TP53 hücre döngüsündeki kontrol noktalarını, DNA hasarı ve onarımı ve apoptozda rol oynayan genlerin aktivasyonunu düzenler [44]. Eğer DNA hasarı tamir mekanizmalarıyla onarılamayacak kadar büyükse *TP53* proapoptotik genlerden *BAX*'ın anlatım düzeyini arttırarak hücreyi apoptoza sürükler [68].

2.4.3.2. *TP53* aracılı iç ve dış apoptotik yolakların aktivasyonu

TP53 geni dış yolağı *FAS* üzerinden aktive ederken iç yolakta ise proapoptotik yada anti apoptotik genleri duruma göre aktive yada inhibe eder. Hücrede DNA hasarı hücrenin bu hasarı onarma kapasitesini aştığında *TP53* hücrenin apoptoza girmesine aracılık eder. Bu yolla bir yandan *BAX* geninin transkripsiyonu arttırılırken diğer tarandan da *BID* ve *Apaf-1* gen anlatım düzeyleri artmaktadır. Ayrıca *TP53*'ün mitokondri düzeyinde doğrudan apoptotik etkisi de vardır. *TP53*'ün bu etkisi sitoplazmada doğrudan BCL-XL'ye bağlanarak BAX ve BID proteinlerinin salınımının arttırılması şeklinde olur. Bu şekilde programlı hücre ölümü başlar [44,69].

Bu çalışmamız sonucunda epilepsi oluşum sürecindeki morfolojik ve fizyolojik değişimlerin meydana gelmesinde programlı hücre ölümünün (apoptoz) doğrudan ya da dolaylı bir etkisi olup olmadığının gen anlatımı düzeyinde incelenmesi ve patogenezdeki moleküler mekanizmaların aydınlatılmasına katkıda bulunmayı amaçlamaktayız.

3. GEREÇ VE YÖNTEM

3.1. Kullanılan materyal

3.1.1. MTLE'li hasta dokuları

Bu tez çalışması kapsamında antiepileptik ilaç tedavisine direnç gösteren, İstanbul Üniversitesi İstanbul Tıp Fakültesi Nöroloji Anabilim Dalı'nda takipleri yapılan ve tüm klinik değerlendirmeler sonucunda MTLE tanısı konmuş 18-55 yaşları arasında olan 8 hastanın, cerrahi olarak çıkarılan (amigdalahipokampektomi) hipokampus dokuları kullanılmıştır. Tüm hastalar anti epileptik ilaç tedavisine dirençli olup, epilepsi cerrahisi protokolüne uygun olarak değerlendirilmiş ve operasyon uygulanmış olan hastalardır. Bu tez çalışması ile ilgili destek İstanbul Üniversitesi Bilimsel Araştırma Projeleri Biriminden alınmıştır. Seçilen hastaların çalışmaya alınma kriterleri tablo 3.1'de belirtilmiştir.

- Antiepileptik ilaç tedavisine dirençli olmaları
- Klinik olarak kesin MTLE tanısı konulmuş olması
- Cerrahi operasyon uygulanmış olması (amigdalahipokampektomi)
- Bilgilendirilmiş onam formunu imzalamış olmaları
- 18-55 yaş arası erkek yada kadın hasta

Tablo 3-1: Hastaların çalışmaya dahil edilme kriterleri

3.1.2. Sağlıklı Kontrol Dokuları

Bu çalışmada incelenecek olan genler açısından hastalarla karşılaştırmak amacıyla T.C. Adalet Bakanlığı Adli Tıp Kurumu'nda yapılan otopsiler sonucu elde edilen 8 kadavranın hipokampus dokusu kullanılmıştır. Bu otopsi materyallerinin dahil edilme nedenleri herhangi bir şekilde nörolojik bir hastalık sonucu ölmemiş olmaları ve ilk 24 saat saat içinde otopsi yapılmış olmasıdır (Tablo 3.2.).

- Merkezi sinir sistemini etkileyen bir nedenden ötürü ölümün gerçekleşmemiş olması
- İlk 24 saat içinde otopsi uygulanmış olması
- 18-55 yaşları arası erkek yada kadın olması

Tablo 3-2: Kontrol otopsi olgularının çalışmaya dahil edilme kriterleri

3.1.3. Örneklerin toplanması

Bilgilendirilmiş onam formu imzalatıldıktan sonra cerrahi operasyon sırasında alınacak olan materyal serum fizyolojik ile yıkandıktan sonra hemen sıvı azot tankına konulmuş sonrasında nöropatoloji laboratuvarındaki -80 ^{o}C'deki buzdolabına alınmıştır. Bütün bu işlemleri takiben incelemenin yapılacağı İstanbul Üniversitesi Deneysel Tıp Araştırma Enstitüsü Genetik Anabilim Dalı'na kuru buz içinde getirilerek tekrar -80 ^{o}C'deki buzdolabına yerleştirilmiştir.

3.1.4. Moleküler Genetik İnceleme

3.1.4.1. Dokuların homojenizasyonu

Çalışma sırasında -80 ^{o}C'deki buzdolabında bulunan ve steril kaplar içinde saklanan beyin dokuları buz üzerine alındı. Dokunun homojenizasyonu için trizol kullanıldı (QIAzol Lysis Reagent, Qiagen science, USA). Her 100 mg doku için 1 ml trizol 15 ml'lik falkon tüplere aktarıldı ve teflon uçlu homojenizatör ile doku partikülleri çıplak gözle görünmez oluncaya kadar parçalandı. Bu işlemden sonra homojenat 5 dakika oda sıcaklığında (15-25 ^{o}C) beklemeye bırakıldı, 5 dakika sonunda 0,2 ml kloroform trizollü karışıma eklendi ve 15 saniye boyunca güçlü bir şekilde çalkalanarak iyice karışması sağlandı. Karışım tekrar oda sıcaklığında 2-3 dakika inkübe edildikten sonra 10000 rpm ve +4 ^{o}C'de 15 dakika santrifüj edildi. Santrifüj işlemi sonunda oluşan üst faz yeni bir tüpe aktarılarak daha önceden konulan her 1 ml trizol için 500 μl izopropanol eklendi, vorteks yardımı ile karıştırıldı ve sonrasında 10 dakika oda sıcaklığında bekletildi. Daha sonra karışım 10000 rpm ve +4 ^{o}C'de 10 dakika santrifüj edildi ve oluşan üst faz atıldı. Oluşan çökeltiye her 1 ml trizol için 1 ml %75 etanol eklendi, pipetaj yapılarak çökeltinin etanol içinde dağılması sağlandı ve 7000 rpm' de +4 ^{o}C'de 5 dakika santrifüj edildi. Oluşan üst faz atılarak etanolün tamamen ortamdan uzaklaşması için kurumaya bırakıldı. Bu işlemin sonunda çökelti üzerine, RNA izolasyonu işlemine devam edilmek üzere 590 μl RNase-free su eklendi [70].

3.1.4.2. RNA izolasyonu

RNA izolasyonu total RNA izolasyon kiti kullanılarak yapıldı (RNeasy lipid tissue minikit, Qiagen science, USA). Homojenizasyon işlemi sonunda oluşan lizat 5 dakika oda sıcaklığında inkübe edildi. Bu işlemin ardından lizatın içine 200 µl kloroform eklendi, güçlü bir şekilde 15 saniye boyunca çalkalanarak 2-3 dakika oda sıcaklığında inkübe edildi ve 14000 rpm ve +4 °C'de santrifüj edildi. Sulu üst faz yeni bir tüpe aktarılarak 1:1 oranında %70 etanol eklendi ve vorteks cihazı ile etanolün iyice karışması sağlandı. Meydana gelen karışım RNeasy 2 ml'lik tüplere aktarıldı 15 saniye 10000 rpm'de santrifüj edildi. Bu işlemin ardından filtreden geçerek tüpe biriken sıvı atıldı. Aynı işlem 700 µl RW1 yıkama çözeltisi ve ardından 500 µl RPE yıkama çözeltisi ile tekrarlandı. Benzer şekilde 500 µl RPE yıkama çözeltisi filtreli tüpe eklenerek bu sefer 2 dakika 10000 rpm'de santrifüj edildi ve tüpün içinde biriken sıvı tekrar atıldı. Bu işlemin ardından 2 ml'lik RNeasy tüpten filtre kısımı çıkartılarak yeni 1,5 ml'lik tüpe yerleştirildi ve içerisine 30-50 µl RNase-free su konularak 14000 rpm'de 1 dakika boyunca +4 °C'de santrifüj edildi. Bu işlemin sonunda RNA filtreden tüpe RNase-free su içinde çözülerek aktarılmış oldu [71].

3.1.4.3. RNA kalite tayini

RNA konsantrasyonu ve kalitesinin tayini için spektrofotometre (nd-1000, NanoDrop Technologies, Inc, Wilmington, USA) kullanıldı. Ölçüm için 2 µl RNA kullanıldı ve kullanılan RNA'nın 260, 230 ve 280 nm dalga boylarında spektrofotometrik ölçümü yapıldı. Sonuçlar 260 nm konsantrasyonu, 260nm/280nm ve 260nm/230nm ise saflığı verecek şekilde yorumlandı. 260nm/280nm oranının değer aralığı 1,9-2,0 ve 260nm/230 nm oranının değer aralığı 2,0-2,2 olacak şekilde değerlendirildi. Bu aralıklar dahilinde kalan RNA'lar saflık açısından çalışmaya elverişli kabul edildi. Sonraki aşamada ise izole edilen bu RNA'lardan kriterlere uyanlarından cDNA sentezlenildi.

3.1.4.4. cDNA sentezi

Her örnek 10 µl'de 1 µg RNA olacak şekilde sulandırıldı. 1 µl random primer eklenerek 70 °C'de 10 dakika bekletildi. Daha sonra reaksiyon karışımı (Tablo 3.3.) ilave edilmek üzere buza alındı.

- 5X RT buffer 4 µl
- 10 mM dNTP karışımı 1 µl X
- DTT (0,1M) 4 µl
- RNase inhibitör (20U/µl) 1 µl
- Ters transkriptaz (200 U/µl) 1 µl
- Toplam 9 µl

Tablo 3-3: cDNA sentezinde kullanılan reaksiyon çözeltisi

Bu karışım, ilk karışıma eklendikten sonra 37 ^{o}C'de 1 saat ardından da 70 ^{o}C'de 10 dakika inkübe edildi. Daha sonra cDNA örnekleri -20 ^{o}C'de sonradan kullanılmak üzere saklandı.

3.1.4.5. Gen anlatım düzeylerinin tespiti ve istatistiksel olarak değerlendirilmesi

cDNA'ları elde edilmiş olan genlerin anlatım düzeylerindeki değişiklikler Taqman hidroliz problari kullanılarak RT-PZR yöntemi ile ve LC480 cihazında (Light Cycler ® 480 Real-Time PCR System, Roche Applied Science, İstanbul-Turkey) incelenmiştir. Gen anlatımlarındaki değişimleri inceleyebilmek için kullanılan RT-PZR yöntemi için öncelilkle iki farklı karışım bulunmaktadır. Bunlardan birincisi Primer-Probe Mix olan ve içinde bir gen için seçilen iki primeri ve bunlarla ilişkili olan floresan ışıma veren hidroliz probu içeren karışım. Diğeri ise master mix olarak bilinen ve içinde bir PZR için gerekli olan Mg, dNTP ve Buffer içeren karışımdır. Her bir PZR için 96 kuyu içeren plaklar kullanıldı. Her gen her bir hasta için duplike çalışıldı. Her kuyuya önceden sentezlediğimiz 5 µl cDNA, 5 µl master mix ve 1 µl primer-probe mix eklendi. Toplamda 45 döngü sonrasında RT-PZR işlemi sonuçlandı. Gen anlatımlarını değerlendirirken her gen için ışımanın başladığı Ct değerine ve duplike örneklerin kendi aralarındaki standart sapmalarına bakıldı ve sonrasında bu verilere bağlı olarak delta delta Ct metodu uygulandı, çıkan delta delta Ct sonuçları ile parametrik olmayan bir test olan ve elimizdeki değerlerin ortancalarının (medyan) karşılaştırılmasını sağlayan Mann-Whitney U testi kullanıldı.

Elimizde iki bağımsız grup bulunması nedeniyle ve önceden sonuçlara dair bir ön fikir olmadığından bu test tercih edildi. Bu çalışmada kullandığımız Mann-Whitney U testi, t-testi'nin parametrik olmayan alternatifi olarak düşünülebilir.

3.1.5. Çalışmada incelenen genler

Tezimiz kapsamında çalışılmak üzere apoptoza yol açan (pro-apoptotik) yada apoptoz mekanizmasını engelleyen (anti-apoptotik) genlerden 7 tanesi (*BCL2, BAX, TP53, CASPASE3, CASPASE9, TNFR1* ve *FAS*) geniş çaplı literatür incelemeleri sonucu seçildi ve deneyimizde tüm hücrelerde gen anlatımı olduğu bilinen *siklofilin* geni "*housekeeping gen*" olarak belirlendi.

Primer	Uzunluk	Pozisyon	Tm	%GC	Dizi
Forward	18	526-543	59	61	caagaccagggtggttgg
Reverse	18	592-609	59	56	cactcccgccacaaagat

Tablo 3-4: ***BAX*** **geni primerleri**

Primer	Uzunluk	Pozisyon	Tm	%GC	Dizi
Forward	18	201-218	59	56	ctggttttcggtgggtgt
Reverse	23	266-288	60	48	ccactgagttttcagtgttctcc

Tablo 3-5: ***CASPASE 3*** **geni primerleri**

Primer	Uzunluk	Pozisyon	Tm	%GC	Dizi
Forward	20	925-944	60	50	ggaagcccaagctcttttc
Reverse	19	981-999	60	53	aagtggaggccacctcaaa

Tablo 3-6: ***CASPASE*** **9 geni primerleri**

Primer	Uzunluk	Pozisyon	Tm	%GC	Dizi
Forward	18	1031-1048	60	61	Tacctgaaccggcacctg
Reverse	20	1083-1102	60	55	Gccgtacagttccacaaagg

Tablo 3-7: ***BCL2*** **geni primerleri**

Primer	Uzunluk	Pozisyon	Tm	%GC	Dizi
Forward	18	286-303	60	67	gtggacccgctcagtacg
Reverse	23	375-397	59	43	tctagcaacagacgtaagaacca

Tablo 3-8: ***FAS*** **geni primerleri**

Primer	Uzunluk	Pozisyon	Tm	%GC	Dizi
Forward	18	288-305	60	67	ctctccaccgtgcctgac
Reverse	20	353-372	59	55	ccagtccaataacccctgag

Tablo 3-9: ***TNFR1*** **geni primerleri**

Primer	Uzunluk	Pozisyon	Tm	%GC	Dizi
Forward	19	1143-1161	59	53	ccccagccaaagaagaaac
Reverse	19	1201-1219	59	53	aacatctcgaagcgctcac

Tablo 3-10: ***TP53*** **geni primerleri**

4. BULGULAR

4.1. Değerlendirilen MTLE hastalarının klinik özellikleri

MTLE'li hastalara ait klinik, prognoz, özgeçmiş ve aile öyküleri ile nöbete başlama yaşları, nöbet süresi ve cerrahi operasyon yaşları Tablo 4.1.'de belirtildiği şekildedir.

Hasta #	Doğum yılı	Cinsiyet	Aile öyküsü	İlk nöbet yaşı	Ameliyat yaşı
H3	1972	K	-	11	32
H6	1976	E	nöbet +	20	29
H8	1983	E	anneanne +	7	24
H13	1975	K	dayı febril nöbet +	22	32
H15	1945	K	kızında febril nöbet +	34	63
H19	1970	K	nöbet +	14	38
H20	1962	E	dayılarında +	10	45
H21	1988	E	amca kızında +	7	19

Tablo 4-1: MTLE hastalarının klinik bilgileri

4.2. Değerlendirilen kontrol olgularının klinik özellikleri

Kontrol dokuları T.C. Adalet Bakanlığı, Adli Tıp Kurumu'nda yapılan otopsiler sırasında temporal bölgede bulunan hipokampus ve amigdala kısımlarının çıkarılması ile elde edilmiştir. Bu olguların tamamının ölüm nedenleri, nörolojik bir bozukluk kaynaklı değildir ve öykülerinde herhangi bir şekilde epilepsi bulunmamaktadır (Tablo 4.2.). Otopsi ölüm anından itibaren ilk 24 saat içinde yapılmıştır ve alınan dokular hemen sıvı azot tankına konularak İstanbul Üniversitesi Deneysel Tıp Araştırma Enstitüsü Genetik Anabilim Dalı'na getirilmiştir.

Kontrol #	Cinsiyet	Ölüm yaşı	Ölüm nedeni
N1	E	37	Kalp damar hastalığı
N3	E	34	Ateşli silah yaralanması
N5	E	62	Kalp damar hastalığı
N6	E	50	Kesici alet yaralanması
N7	E	73	İntihar
N8	E	38	Kalp damar hastalığı
N9	K	21	İlaç zehirlenmesi
N10	E	70	Kırığa bağlı yağ embolisi

Tablo 4-2: Kontrol otopsi olgularının klinik özellikleri

4.3. İncelenen genlerin rölatif anlatım değerlerinin hesaplanması ve sonuçları

MTLE hastalarından ve otopsi materyallerinden elde edilen hipokampal dokudan, yöntem kısmında anlatıldığı gibi RNA izolasyonu ve cDNA sentezi yapıldı, sonrasında gerçek zamanlı PZR yöntemi ile Ct değerleri elde edildi ve elde edilen "*housekeeping*" genin Ct değerinden hedef genin Ct değeri çıkartılarak (Ct housekeeping – Ct hedef gen) delta Ct değeri bulundu. Son işlem olarak delta delta Ct hesaplamak için 2 üzeri delta Ct değeri (2^ delta Ct) alındı. İstatistiksel analizler delta delta Ct değerlerine göre hesaplandı. Çalışmamızda hasta örnekleri ve kontrol örnekleri her gen için kendi aralarında ve ayrıca hastaların ortalamaları ile normallerin ortalamaları da yine kendi aralarında olacak şekilde hesaplandı, grafikler bu şekilde oluşturuldu. Çalışmamız bir rölatif gen anlatımı düzeyi belirleme çalışması olduğundan normalizasyonu sağlamak amacıyla çalışmamızdaki örneklerden Ct değeri, toplam Ct değerleri ortalamasına en yakın olan örnek seçildi kalibratör olarak değerlendirildi. Normalizasyon amacıyla bu kalibratör değeri sayısal olarak bire (1.000) eşitlendi ve buna göre diğer örneklerin grafikte rölatif olarak artışları yada azalışları belirlendi.

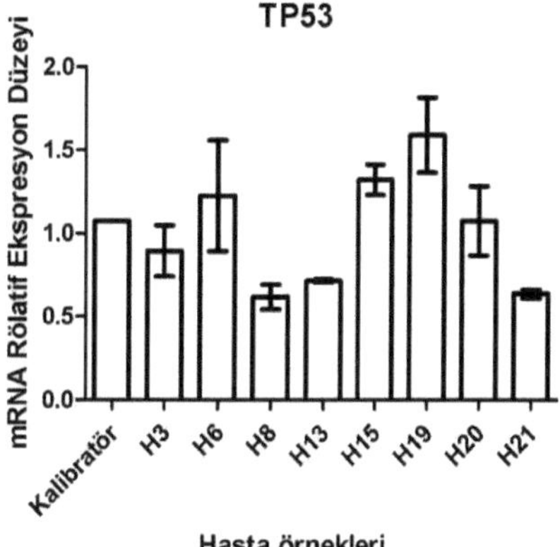
TP53
mRNA Rölatif Ekspresyon Düzeyi
2.0
1.5
1.0
0.5
0.0
Kalibratör
H3
H6
H8
H13
H15
H19
H20
H21
Hasta örnekleri

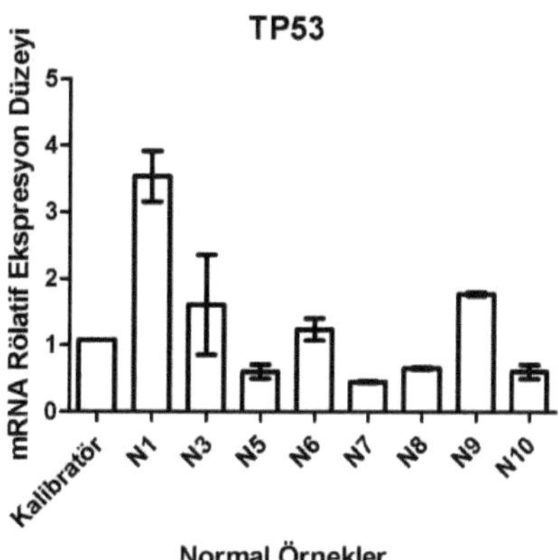
TP53
mRNA Rölatif Ekspresyon Düzeyi
5
4
3
2
1
0
Kalibratör
N1
N3
N5
N6
N7
N8
N9
N10
Normal Örnekler

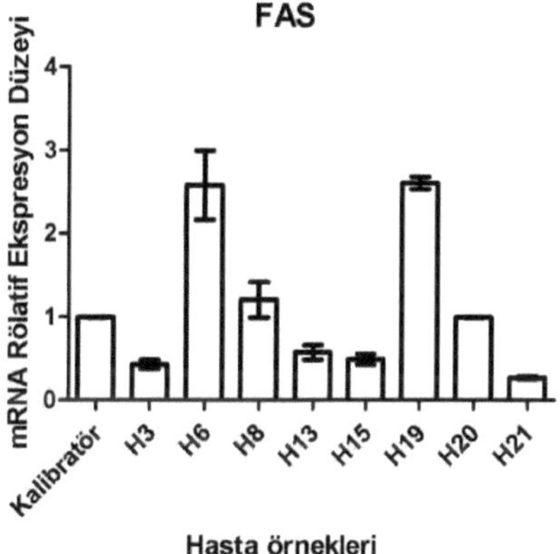
FAS
mRNA Rölatif Ekspresyon Düzeyi
4
3
2
1
0
Kalibratör
H3
H6
H8
H13
H15
H19
H20
H21
Hasta örnekleri

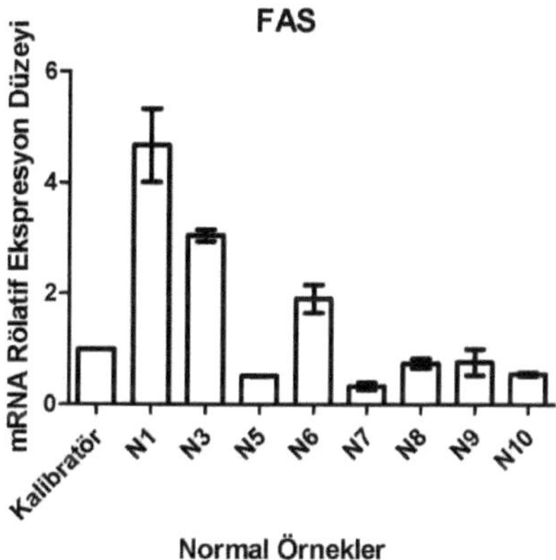
FAS
mRNA Rölatif Ekspresyon Düzeyi
6
4
2
0
Kalibratör
N1
N3
N5
N6
N7
N8
N9
N10
Normal Örnekler

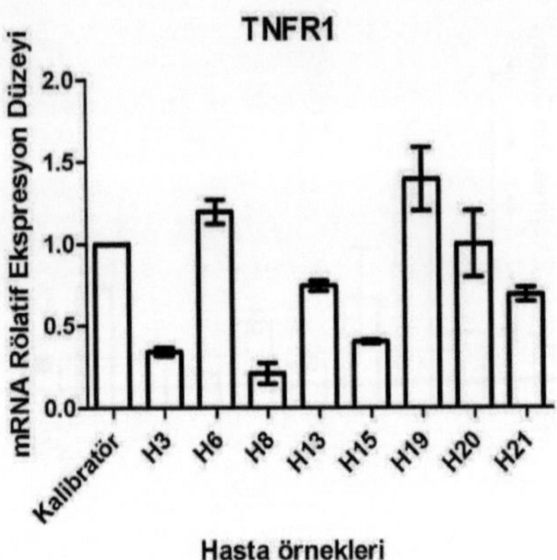
TNFR1
mRNA Rölatif Ekspresyon Düzeyi
2.0
1.5
1.0
0.5
0.0
Kalibratör
H3
H6
H8
H13
H15
H19
H20
H21
Hasta örnekleri

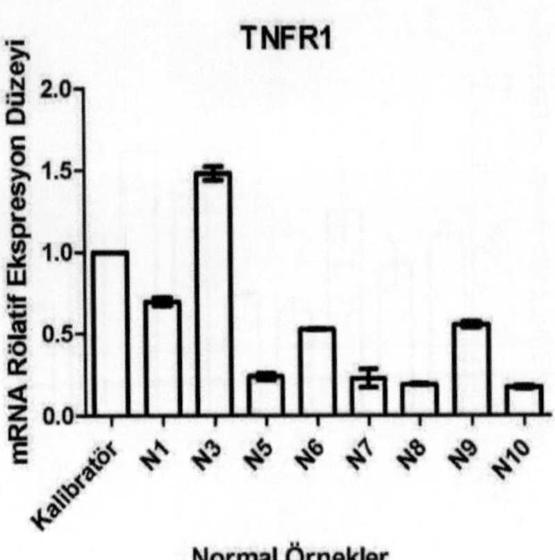
TNFR1
mRNA Rölatif Ekspresyon Düzeyi
2.0
1.5
1.0
0.5
0.0
Kalibratör
N1
N3
N5
N6
N7
N8
N9
N10
Normal Örnekler

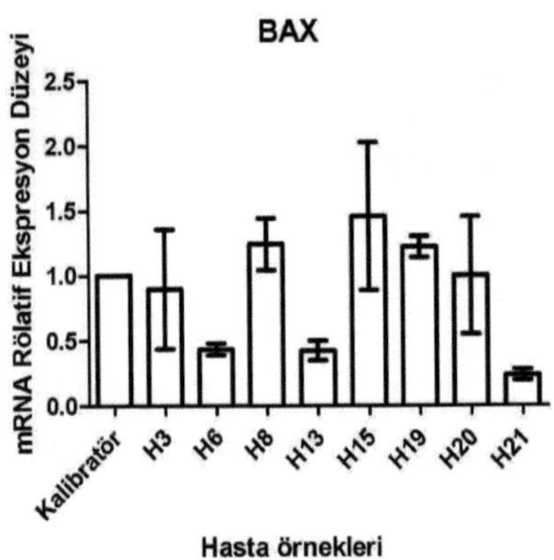
BAX
mRNA Rölatif Ekspresyon Düzeyi
2.5
2.0
1.5
1.0
0.5
0.0
Kalibratör
H3
H6
H8
H13
H15
H19
H20
H21
Hasta örnekleri

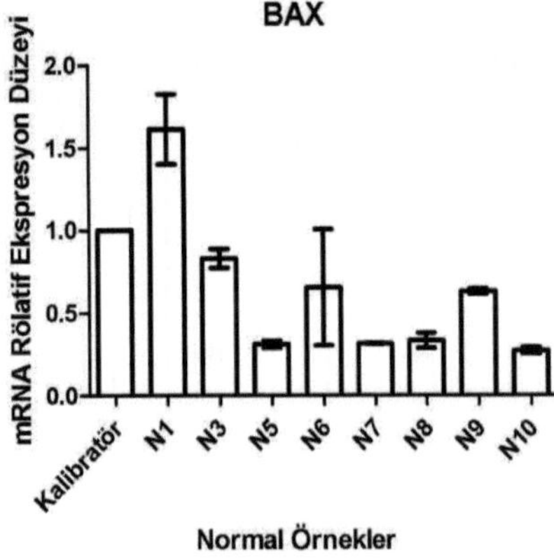
BAX
mRNA Rölatif Ekspresyon Düzeyi
2.0
1.5
1.0
0.5
0.0
Kalibratör
N1
N3
N5
N6
N7
N8
N9
N10
Normal Örnekler

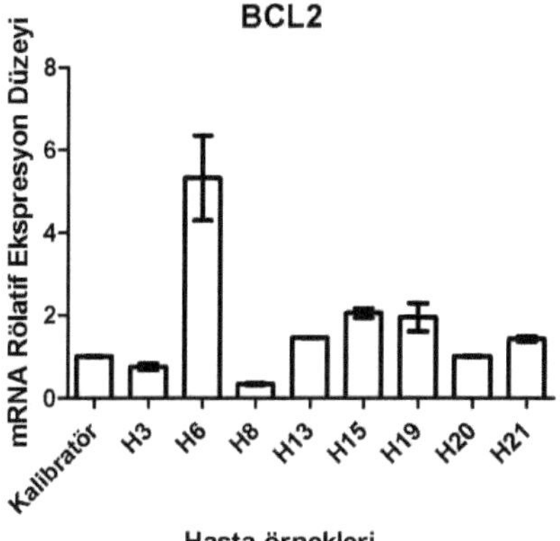
BCL2
mRNA Rölatif Ekspresyon Düzeyi
0
2
4
6
8
Kalibratör
H3
H6
H8
H13
H15
H19
H20
H21
Hasta örnekleri

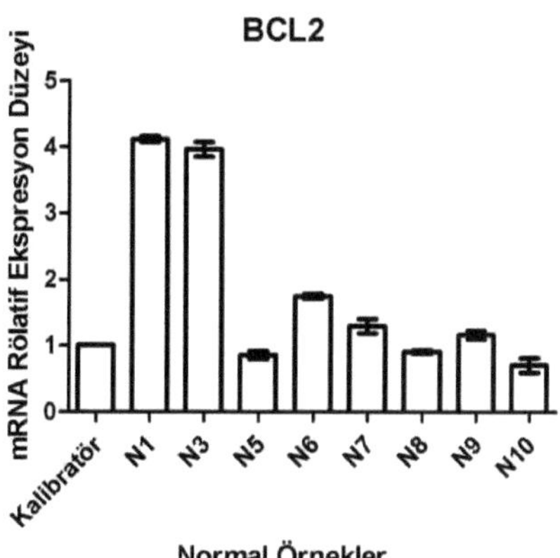
BCL2
mRNA Rölatif Ekspresyon Düzeyi
0
1
2
3
4
5
Kalibratör
N1
N3
N5
N6
N7
N8
N9
N10
Normal Örnekler

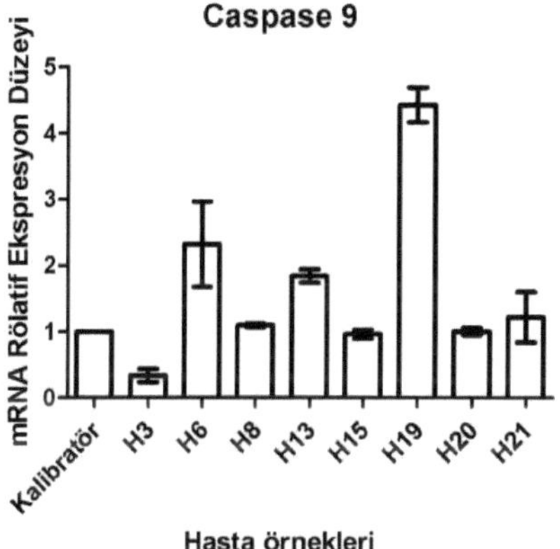
Caspase 9
mRNA Rölatif Ekspresyon Düzeyi
0
1
2
3
4
5
Kalibratör
H3
H6
H8
H13
H15
H19
H20
H21
Hasta örnekleri

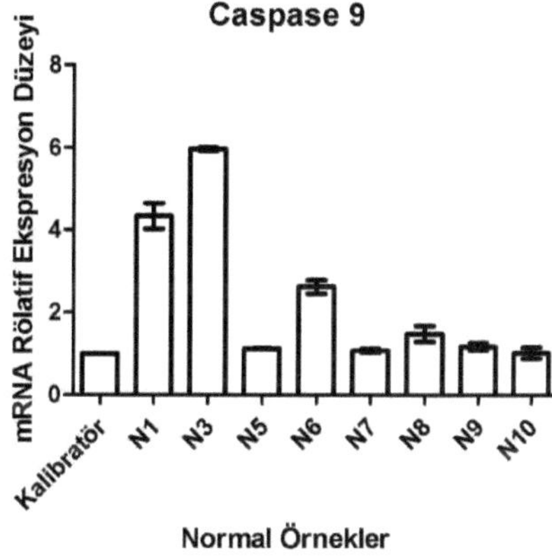
Caspase 9
mRNA Rölatif Ekspresyon Düzeyi
0
2
4
6
8
Kalibratör
N1
N3
N5
N6
N7
N8
N9
N10
Normal Örnekler

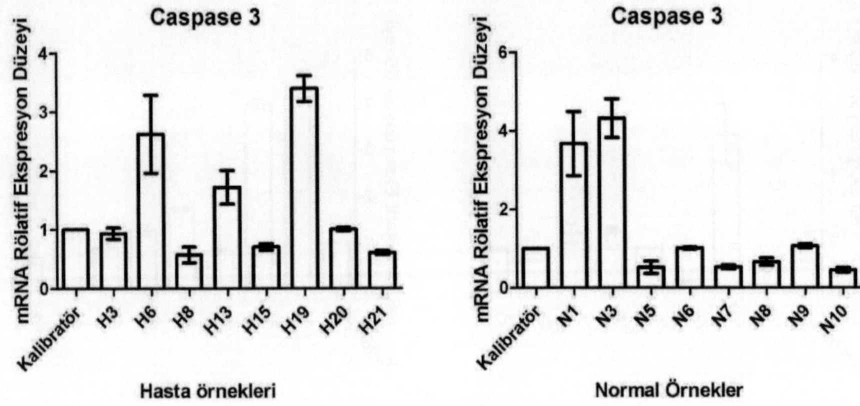

Şekil 4-1: Hasta örnekleri ve normal örneklerin, kendi grupları içinde görülen rölatif mRNA anlatım düzeyleri

Yukarıdaki grafiklerde hastaların ve normal örneklerin hem kendi içinde hem de birbirlerine göre olan heterojen yapıları nedeniyle dalgalanmalar görülmektedir. Ayrıca her grafikte gösterilen kalibratör sadece normalizasyon amacıyla kullanılmıştır ve sayısal değer olarak bire (1.000) karşılık gelmektedir. Örneklerdeki rölatif artış ve azalışlar bu kalibratör sabit kabul edilerek değerlendirilmiştir. Kalibratör, örnekler arasından Ct değerlerin ortalamalarına göre seçilmiştir ve seçilirken tüm örneklerin Ct değerleri dikkate alınmıştır.

Yalnız hasta örneklerinin normal örneklere göre anlamlı bir artış yada azalış gösterip göstermediklerinin belirlenmesi tek tek hasta yada normal olarak değil bunların gruplarının birbirlerine göre istatistiksel olarak değerlendirilmesi ile hesaplanmıştır.

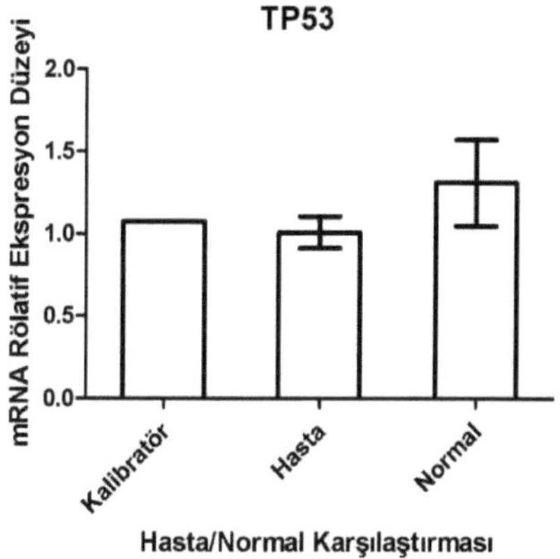
TP53
mRNA Rölatif Ekspresyon Düzeyi
2.0
1.5
1.0
0.5
0.0
Kalibratör
Hasta
Normal
Hasta/Normal Karşılaştırması

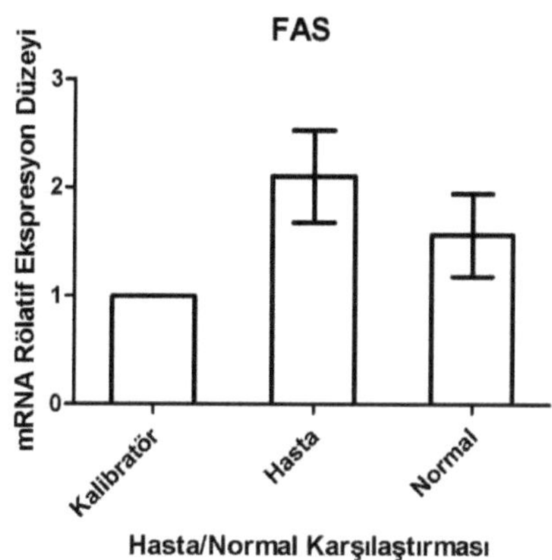
FAS
mRNA Rölatif Ekspresyon Düzeyi
3
2
1
0
Kalibratör
Hasta
Normal
Hasta/Normal Karşılaştırması

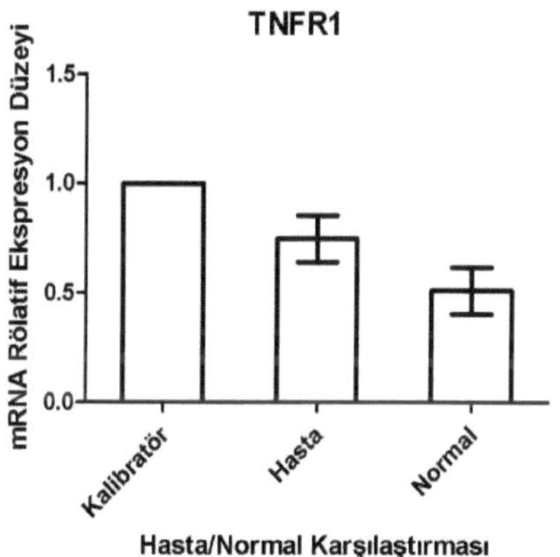
TNFR1
mRNA Rölatif Ekspresyon Düzeyi
1.5
1.0
0.5
0.0
Kalibratör
Hasta
Normal
Hasta/Normal Karşılaştırması

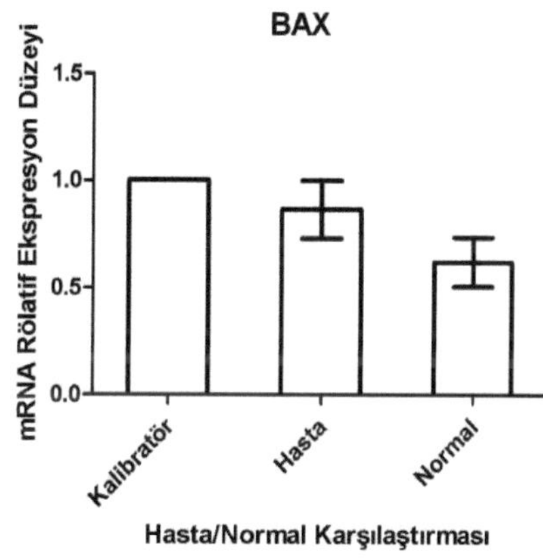
BAX
mRNA Rölatif Ekspresyon Düzeyi
1.5
1.0
0.5
0.0
Kalibratör
Hasta
Normal
Hasta/Normal Karşılaştırması

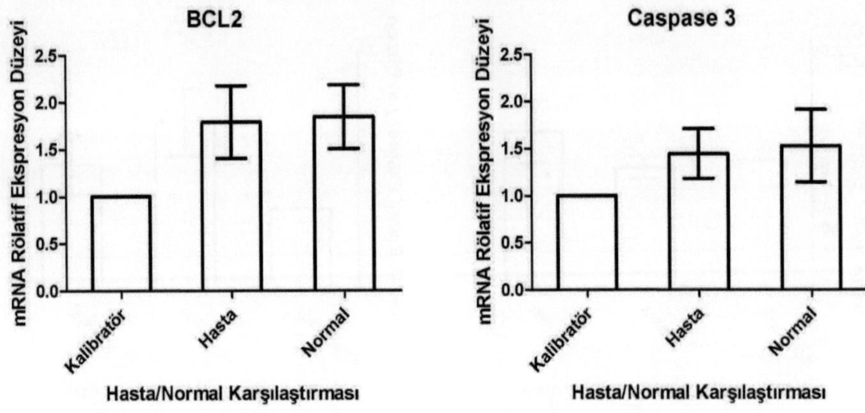

Şekil 4-2: Hasta/Normal gruplarının rölatif mRNA anlatım değerleri açısından karşılaştırılması

Apoptotik dış yolakta görülen ve çalışmamızda kullanılan genlerden *FAS* ve *TNFR1* genlerinde anlatım düzeyleri arasında hasta grubunda normal gruba göre bir artış görülüyor olsa da bu durumun istatistiksel olarak anlamlı olduğu gösterilememiştir. *FAS* ve *TNFR1* genlerinin gruplar arasındaki fark dikkate alınarak yapılan hesaplamalarında p değerleri sırasıyla 0.1467 ve 0.0621 bulunmuştur.

Apoptotik iç yolakta yer alan ve çalışmamızda kullanılan genlerden *TP53*, *BAX*, *BCL2*, *Caspase 9* ve *Caspase 3* genlerinde gerek hasta grubunun ve normal grubun kendi içlerindeki değerlendirilmelerinde gerekse hasta/normal karşılaştırılmasında anlamlı bir gen anlatım seviyesi artışı yada azalışı gösterilememiştir. İstatistiksel olarak aynı genler için yapılan parametrik olmayan Mann-Whitney U analizi sonucunda p değerleri açısından anlamlılık görülememiştir. Bu genlerin p değerleri; *TP53* için p=0.8653, *BAX* için p=0.1416, *BCL2* için p=0.8653, *Caspase 9* için p=0.1521 ve *Caspase 3* için p=0.5340 olarak tespit edilmiştir.

5. TARTIŞMA

Hipokampal sklerozun eşlik ettiği mezyal temporal lob epilepsisi (MTLE) parsiyel epilepsiler içinde en sık karşılaşılan durumdur [7,72]. MTLE hastaları sıklıkla antiepileptik ilaçlara direnç göstermektedir. Bu tabloda birden fazla yüksek dozda antiepileptik ilaç kullanımına rağmen nöbetler kontrol altına alınamamaktadır. Cerrahi tedavinin başarıyla uygulanabildiği hipokampal sklerozlu olguların önemli bir kısmında nöbetler durmakta veya sıklığı azalmaktadır [73]. Son yıllarda giderek artan oranda yapılan amigdalahipokampektomi ile çıkartılabilen hipokampal dokuda morfolojik ve özellikle genetik çalışmaların yapılabilmesi mümkün olmuştur [74]. Böylece hipokampal skleroz ve MTLE patogenezinin aydınlatılmasına olanak sunulmuştur.

Tez çalışmamız kapsamında tedaviye dirençli, klinik, görüntüleme ve EEG incelemeleri ile cerrahi tedavinin uygun görüldüğü MTLE ve hipokampal skleroz tanısı konmuş 4 erkek ve 4 kadından oluşan toplam 8 hastanın cerrahi girişim sırasında elde edilen hipokampus dokusu çalışmaya dahil edilmiştir. Kontrol amaçlı T.C. Adli Kurumu'nda yapılan otopsiler sırasında beynin hipokampus bölgeleri çıkarılmış 7 erkek ve 1 kadından oluşan 8 kişilik kontrol grubu kullanılmıştır. Hasta grubunda yaş ortalaması 39.6, kontrol grubunun yaş ortalaması ise 48.1'dir. Adli Tıp Kurumu'ndan otopsi sonucu alınan materyalleri kullanılan bireylerin hiç birisinin ölüm nedeni nörolojik değildir ve öykülerinde de nörolojik bir hastalık belirlenmemiştir.

Hastaların öykülerinde kafa travması bulunması, febril nöbet görülmesi yada doğum sırasında meydana gelen zor doğum gibi çeşitli dış etkenlerin, ilerleyen yaşlarda MTLE riskini arttırdığı bilinmektedir [75].

Yine daha önce bildirilen çalışmalarda model organizmalarda MTLE ve apoptoz ilişkisi protein düzeyinde gösterilmiş ve apoptoza yol açan proteinlerde (pro apoptotik) kontrol olgularına göre anlamlı artış tespit edilmiştir. Benzer sonuçlar insan MTLE hastalarında da gösterilmiştir [76,77].

Hipokampus, anatomik olarak beynin dış etkenlere en açık bölgesidir (özellikle CA1 bölgesi) [78,79]. Hastanın çocukluk döneminde bilinen bir dışsal faktöre maruz kalmasının beyinde bir başlangıç hasarına neden olabileceği bilinmektedir [75]. Bu başlangıç hasarının epileptogenez sürecini başlattığı düşünülmektedir. Epileptogenez süreci bir başlangıç hasarı ile başlayan ve sonrasında süresi tam olarak kestirilemeyen (birkaç haftadan yıllara kadar) sessiz bir dönemle (latent dönem) devam eden ve peşi sıra kronik epilepsi nöbetlerinin görüldüğü durumu tanımlamaktadır [80]. Sessiz evrede meydana gelen olaylar tam olarak açıklığa kavuşturulamamıştır.

Bazı model organizmalarda ilaçla indüklenen ya da sıcak su uygulaması gibi yollarla oluşturulan epileptik nöbetlerle sessiz evrede genler ve/veya proteinler düzeyinde meydana gelen değişimler takip edilebilmektedir.

Bu çalışmaların bir kısmında sessiz dönemde görülen hücre ölümleri ile ilişkili olarak apoptoza yol açan proteinlerin düzeylerinde belirgin bir artışın olması epileptogenez sürecinde apoptozun etkisini düşündürmektedir [81,82]. Bu etki, apoptozun karmaşık doğası nedeniyle net bir şekilde ortaya konamamıştır. Normal koşullarda sağlıklı bir insanın beyninde GABAerjik ve glutamaterjik mekanizmalar nöronal duyarlılığın dengeli bir şekilde sürdürülmesinden sorumludur. Epileptogenez sırasında meydana gelen *nöron ölümü* sonucu inhibitör mekanizmada görevli olan GABA seviyesinde azalma ve bunun sonucunda artmış duyarlılık görülebilir [19,83].

Apoptoz bilindiği üzere çoklu faktörlerin etkilediği bir yolaklar toplamıdır ve bu yolaklarda çok sayıda gen bulunmaktadır. Literatürde apoptoz çalışmalarında sıklıkla BCL2 gen ailesi ve TNF gen ailesi çalışılmaktadır. Bunlardan BCL2 gen ailesi, içinde pek çok alt grubu içeren bir genler topluluğudur ve özellikle apoptotik iç yolakta görevlidir. TNF gen ailesi de yine pek çok genden oluşur ve dış yolakta görevlidir. Çalışmamızda özellikle bu iki büyük gen ailesinin önemli üyeleri olan genler incelenmiştir. İç ve dış yolak her zaman bir arada çalışmaz, bazen apoptoz oluşumu için sadece iç yolak yada sadece dış yolak tek başına etkili olabilir.Çalışmamızda incelenen dış yolak genlerinden olan *TNFR1* ve *FAS* genlerinde gen anlatım düzeyleri arasında hasta grubunda normal gruba göre bir artış gösterilmiş ise de bu sonuçlar istatistiksel olarak anlamlı bulunamamıştır. Hasta sayısının göreceli azlığı ve yine gen anlatım seviyelerini belirlemek için kullanılan RT-PZR yönteminin özgüllüğü de bu sonuçlarda etkili olmuş olabilir. Fakat bulgularımızdan yola çıkarak, apoptotik dış yolak genlerinde bir gen anlatım düzeyi artışından söz edilebilir. Çalışmamızda apoptotik iç yolak genlerinin anlatım düzeylerinde bazı hasta örneklerinde proapoptotik değişimler gözlenmiş olsa da (örneğin H6 numarlı hastada *TNFR1*, *FAS*, *TP53* ve *Caspase 9* genlerinde anlatım düzeyinde artış gözlenmiştir) tüm hasta grubu beraber değerlendirildiğinde istatistiksel olarak anlamlılık gösterilememiştir. Yine burada da çalışılan teknikteki hassasiyet bu sonuçlara yol açmış olabilir ya da başka bir apoptoz mekanizması etken olmuş olabilir.

Çalışmamızı kapsayan MTLE ve apoptoz ilişkisini gösteren çalışmalar literatürde oldukça az sayıdadır.Yapılan araştırmaların ve kullanılan tekniklerin sayısı arttıkça ortaya çıkabilecek farklı sonuçlar süreci anlamamızı kolaylaştıracaktır. Bu farklılıkların teknik nedenler ve veri analizi farklılıklarından ileri gelebileceği düşünülebilir. Bu farklılıkların ortaya çıkma nedenlerini birkaç alt başlıkta toplamak mümkündür.

1. Kullanılan tekniklerin farklarından meydana gelen hassasiyet ile ilgili sorunlar
2. Hipokampus materyali alınırken hipokampusun alt bölgelerinin ya da temporal yapıdaki diğer kısımların yanlışlıkla alınması
3. Farklı kontrol ve referans materyallerinin kullanılması; otopsi materyali, cerrahi materyal ya da farklı bir türe ait model organizmaların kullanılması
4. Cerrahi kontrol dokularının normal hipokampus ya da hipokampus dışı bölgelerden alınması
5. Veri normalizasyonu ve istatistiksel analiz farklılıkları
6. Çalışmalarda seçilen hasta grubuna ait bireylerin homojen bir şekilde seçilememesi (yaş, cinsiyet, tedavi süresi, tedavide kullanılan ilaç kombinasyonları ve etiyoloji)

Bu gibi faktörler çalışmaların birbirleri arasında meydana gelebilecek farklılıkları açıklayabilir.

Dokular üzerinde yapılan çalışmalarda sağlıklı kontrol dokusunun normal koşullarda eldesinin zor olması sorun oluşturmaktadır. Buna bağlı olarak otopsi dokuları sıklıkla kullanılmaktadır. Çalışmamızda kullanılan 8 otopsi olgusunun 1 tanesi kadın diğer 7 tanesi erkektir. Tamamının ölüm nedeni nörolojik nedenler dışındadır ve hiçbirinin epilepsi öyküsü yoktur. Otopsi örnekleri ile çalışmaktaki temel sorun ve zorluk doku alınıp, genetik açıdan çalışılabilir hale getirilene kadar geçen sürede DNA kalitesi ve bütünlüğünün korunamamasıdır. Biyopsi ve otopsi dokularının mRNA düzeylerinin karşılaştırıldığı bir çalışmada, otopsi dokularının biyopsi dokularına göre daha az miktarda mRNA içerdiği gösterilmiştir. Yine aynı çalışmada kaliteli bir şekilde alınmış otopsi materyalinin ilgili çalışmalarda dokunun güvenle kullanılabileceği ve dokuda mRNA içeriği açısından miktar sorunu görülmediği bildirilmiştir [84]. Çalışmamızda otopsi materyalinde, sonrasında genetik çalışma için sorun oluşmaması ve olası genetik materyal yıkımının önüne geçilebilmesi için dokular ölüm anından itibaren ilk 24 saat içinde alınmış ve sıvı azotta dondurulmuştur.

Epileptogenez bir başlangıç hasarı ve bunu takiben nöbetsiz bir dönem ve beyinde meydana gelen yapısal ve işlevsel değişiklikler sonucu kronik nöbetlerle birlikte epilepsinin gelişmesine neden olan bir süreçtir [17]. Hipokampal skleroz görülen MTLE hastalarına uygulanan cerrahi tedavi epilepsi gelişiminde sonraki dönemde olduğu için bu çalışma ve bu hastalıkla ilgili insanlar üzerinde yapılan çalışmaların, başlangıç hasarı ve sessiz döneme ait patogenezi ne kadar yansıttığı model organizmalarla yapılan çalışmalarla karşılaştırılarak yapılabilir.

Sonuç olarak bu tez kapsamında elde edilen veriler MTLE hastalarında görülen hipokampal sklerozun oluşumunda apoptoza yol açan genlerin anlatım düzeylerine bakılarak apoptotik dış yolak mekanizmasının incelenmeye değer olduğunu belirtmektedir. Bununla beraber sklerotik hipokampus dokusunda meydana gelen apoptozun MTLE'nin sebebi mi yoksa sonucu mu olduğunu söylemek henüz mümkün değildir. Çalışmanın sonraki hedefleri arasında hasta grubuna ait doku bankasının geliştirilmesi ve aynı oranda kontrol grubuna yeni bireylerin eklenmesi ve böylece artan sayıda örnek ile çalışılarak MTLE hastalarının tüm gen anlatım düzeylerinin mikroarray yöntemi ile profillerinin çıkarılması, epigenetik çalışmalarla gen anlatımına etki eden mekanizmaları araştırmak ve sonrasında da immünohistokimya yöntemleriyle bu genlerin anlatımları sonucu oluşan proteinlerdeki değişimlerin tespit edilmesi hastalığın patogenezinin oluşmasını sağlayan mekanizmaların aydınlatılmasını sağlayacaktır.

KAYNAKLAR

1. Adams RD., Ropper AH., Principles of neurology. Epilepsy and other seizure disorders, ed. V.M. Adams RD., Vol. sixth edition. 1997, New York, USA.
2. Anderson VE., Rich SS., Hauser WA., Family studies of epilepsy. Anderson VE., Hauser WA., Leppik IE., Editors. Genetic strategies in epilepsy research. New York: Elsevier science publishers BV; 1991. pp.89-104.
3. Prasad AN., C. Prasad and CE Stafstrom, Recent advances in the genetics of epilepsy: insight from human and animal studies. Epilepsia, 1999. 40(10): pp1329-52
4. Lehesjoki AE., Sistonen P., localization of a gene for progressive myoclonus epilepsy to chromosome 21q22. Proc. Natl. Acad. Sci. USA, 1991. 88:pp3696-3699.
5. Berkovic SF., et al., Epilepsies in twins: genetics of the major epilepsy syndromes. Ann Neurol, 1998. 43(4):pp.435-45.
6. Strachan T.RA., Humsn molecular genetics, ed. RA Strachan T. Vol. second edition. 2000, New York: Wiley-Liss.
7. Engel J. Jr., Mesial Temporal Lobe Epilepsy: what have we learned? Neuroscientist, 2001. 7(4):pp.340-52
8. Tsuboi T., Prevalance and incidence of epilepsy in Tokyo. Epilepsia, 1988. 29:p.103-110.
9. Onal AE,. Tumerdem Y., Ozturk MK., Gurses C., Baykan B., Gokyigit A., Ozel S., Epilepsy prevalence in a rural area in Istanbul. Seizure. 2002; 11:397-401.
10. Proposal for revised clinical and electroencephalographic classification of epileptic seizures. From the commission on classification and terminology of the International League Against Epilepsy. Epilepsia, 1981. 22(4):pp.489-501.
11. Dekker PA., et al., Epilepsy. A manual for medical and clinical officers in Africa. Rev. ed. 2002, Geneva: World Health Organization. 124 p.
12. Barrow Neurological Institute., S.J.s.H.a.M.C. Imaging of the brain. 2010.
13. Proposal for revised classification of epilepsies and epileptic syndromes. commission on classification and terminology of the International League Against Epilepsy. Epilepsia, 1989. 30(4):pp.389-99.
14. Kendal C., et al., Glial cell changes in the white matter in temporal lobe epilepsy. Epilepsy Res, 1999. 36(1):pp.43-51.
15. Williamson PD., et al., Characteristics of medial temporal lobe epilepsy: II. Interictal and ictal scalp electroencephalography, neuropsychological testing, neuroimaging, surgical results and pathology. Ann Neurol, 1993. 34(6). p.781-7.

16. McNamara J.O., Y.Z. Huang., A.S. Leonard., Molecular signaling mechanisms underlying epileptogenesis. Sci. STEK, 2006. 2006(356): p. 12
17. Bertram E., The relevance off kindling for human epilepsy. Epilepsia, 2007. 48, Suppl 2: p.65-74.
18. Herman S.T., Clinical trials for prevention of epileptogenesis, Epilepsy res, 2006. 68(1): p. 35-38
19. Armijo J.A., et al., [Advances in the physiopathology of epileptogenesis: molecular aspects]. Rev. Neurol, 2002. 34(5):p.409-29.
20. Warner TF., Apoptosis. Lancet, 1972 Dec. 9;2(7789):1252.
21. Goldstein RS., Axial level-dependent differences in size of avian dorsal root ganglia are present from gangliogenesis. J Neurobiol. 1993 August.24(8):1121-9.
22. Winter RM., Ticle C., Syndactylies and polydactylies: embryological overview and suggested classification. Eur J Hum Genet.1993:1(1):96-104.Review.
23. Furtwangler JA., Hall SH., Koskinen-Moffett LK. Sutural morphogenesis in the mouse calvaria. Acta Anat (Basel).1985;124(1-2):74-80.
24. Schaff Z., Nagy P., Novel factors playing a role in the pathomechanism of diffuse liver diseases: Apoptosis and hepatic stem cells. Orv Hetil.2004. 29;145(35):1787-93.
25. Weedon D., Letter: Civatte bodies and apoptosis. Br J Dermatol. 1974.;91(3):357.
26. Hashimoto K., Apoptosis in lichen planus and several other dermatoses. Intra-epidermal cell death with flamentous degeneration. Acta Derm Venereol. 1976;56(3):187-210.
27. Monti D., Salvioli S., Cossarizza A., Franceshi C., Ottaviani E., Cytotoxicity and cell death: studies on molluscan cells and evolutionary consideration. Acta Biol Hung. 1992;43(1-4):287-91.
28. Sigal LH., Molecular biology and immunology for clinicians, 8 pathogenesis of autoimmunity-apoptosis. J Clin Rheumatol. 1999;5(4):239-42.
29. Chung EY., Kim SJ., Ma XJ., Regulation of cytokine production during phagocytosis of apoptotic cells. Cell Res. 2006. 16(2):154-61.Review.
30. Kerr JFR., Wyllie AH., Apoptosis: A Basic Biological Phenomenon With Wide Ranging Implications in Tissue Kinetics. British J Cancer. 1972:26,239.
31. Searle J., Kerr JF., Bishop CJ., Necrosis and apoptosis: Distinct models of cell death with fundementally different significance. Pathol Annu. 1982:17 Pt 2:229-59.
32. Dempster AG., Lee WR., Bahnasawi S., Downie T., Cell necrosis and endocytosis (apoptosis) in an embryonal rhabdomyosarcoma of the orbit. Graefes Arch Clin Exp Ophthalmol. 1983;221-(2):89-95.

33. Alisom MR., Sarraf CE., Apoptosis: A gene directed programme of cell death. J R Coll Physicians Lon.1992;26(1):25-35
34. Grable-Esposito P., Katzberg HD., Greenberg SA., Srinivasan J., Katz J., Amato AA., Immune-mediated necroziting myopathy associated with statins. Muscle Nerve. 2010;41(2):185-90.
35. Kroemer G., Dallaporta B., Reshe-Rigon M., The mitochondrial death/life regulator in apoptosis and necrosis. Annual Review of Physiology.60:619-642.
36. Leist M., Single B., Castoldi AF., Kuhnle S., Nicotera P., Intracellular adenosine triphosphate (ATP) concentration: A switch in the decision between apoptosis and necrosis.J Exp Med. 1997:21;185(8):1481-1486.
37. Kumar., Kotran., Robbins., Robbins Basic Pathology Temel Patoloji 7. Edisyon. 2003, İstanbul.
38. Kreinsen UR., Morphology of necrosis and repair after transcoronary ethanol hypertrophy. Pathology research and practice. 2003. 199(3):121-127.
39. Kitanaka C., Kuchino Y., Caspase-independent programmed cell death with necrotic morphology. 1999:6(6):508-15.
40. Elmore S., Apoptosis: A review of programmed cell death. Toxicol Pathol. 2007;35(4):495-516
41. Hacker G., The morphology of apoptosis, review. Cell and tissue research. 2000;301(1):5-17.
42. Peitsh MC., Muüller C., Tschoop J., DNA fragmentation during apoptosis is caused by frequent single-strand cuts. Nucl Acid Res. 1993;21(18):4206-4209.
43. Francis M., Hughes JR., William CG., Biochemical identification of apoptosis (programmed cell death) in granulosa cells: Evidence for a potential mechanism underlying follicular atresia. Endocrinology.1991;129(5):2415-2422.
44. Yıldırm A., Bardakçı F., Karataş M., Tanyolaç B., Moleküler Biyoloji Protein Sentezi ve Yıkımı. 2007 Haziran. Ankara.
45. Kroemer G., Reed JC., Mitochondrial control of cell death. Nat Med.2000;6(5):513-9.
46. Hockenbery D., Nunez G., Milliman C., Schreiber RD., Korsmeyer SJ., Bcl-2 is an inner mitochondrial membrane protein that blocks programmed cell death. Nature.1990;348:334-336.
47. Westphal D., Dewson G., Czabotar BE., Kluck RM., Molecular biology of Bax and Bad activation and action. Biochim Biophys Acta.2011;1813(4):521-31.
48. Luo X., Budihardjo., Zou H., Slaughter C., Wang X., Bid a Bcl-2 interacting protein, mediates cytochrome c release from mitochondria in response to activation to cell surface death receptors. Cell.1998;94:481-90.

49. Liu X., Kim CN., Yang J., Jemmerson R., Wang X., Induction to the apoptotic program in cell-free extracts: Requirement for dATP and Cytochrome C. Cell.1996;86:147-157.
50. Riedl SJ., Salvesen GS., The apoptosome: Signalling platform of cell death. Nature reviews mol cell biol. 2007;8:405-413.
51. Bao Q., Shi Y., Apoptosome: A platform for the activation of initiator caspases. Cell Death and differentiation.2007;14:56-65.
52. Vaux DL., Cory S., Adams JM., Bcl-2 gene promotes haemopoietic cell survival and cooperates with c-myc to immortalize pre-B cells. Nature.1988.29;335(6189):440-2.
53. Hu X., Christian P., Sipes IG., Hoyer PB., Expression and redistribution of cellular Bad,Bax and Bcl-XL protein is associated with VCD-induced ovotoxicity in rats. Biology of reproduction.2001;65:1489-1495.
54. Aggarwal BB., Signalling pathways of the TNF superfamily: a double edged sword. Nat Rev Immunol. 2003;3(9):745-56.
55. Bertin J., Armstrong RC., Ottilie S., Martin DA., Wang Y., Banks S., Wang GH., Senkevich TG., Alnemri ES., Moss B., Lenardo MJ., Tomaselli KJ., Cohen JI., Death effector domain-containing herpesvirus and poxvirus proteins inhibit both Fas- and TNFR1- induced apoptosis. Proc Natl Acad Sci USA. 1997.18;94(4):1172-1176.
56. Abougergi MS., Gidner SJ., Spady DK., Miller BC., Thiele DL., Fas and TNFR1, but not cytolytic granule dependent-mechanisms, mediate clearance of murine liver adenoviral infection. Hepatology.2005;41(1):97-105.
57. Weber CH., Vincenz C., A docking model of key components of the DISC complex: death domain superfamily interactions redefined. FEBS lett. 2001. 16;492(3):171-6.
58. Khosravi-Far R., Esposti MD., Death receptor signals to mitochondria. Cancer Biol Ther. 2004;3(11):1051-7.
59. Gupta S., Molecular steps of death receptor and mitochondrial pathways of apoptosis (review). Int J Oncol.2003;22(1):15-20.
60. Chen G., Goeddel GD., TNF-R1 signalling:A beautiful pathway. Science.2002; 296(5573):1634-5.
61. Benedict CA., Banks TA., Ware CF., Death and survival: viral regulation of TNF signaling pathways. Curr Opin Immunol. 2003;15(1):59-65.
62. Schwandner R., Wiegmann K., Bernardo K., Kreder D., Krönke M., TNF receptor death domain-associated proteins TRADD and FADD signal activation of acid sphingomyelinase. J Biol Chem. 1998;273(10):5916-22.

63. Qin ZH., Wang Y., Kikly KK., Sapp E., Kegel KB., Aronin N., DiFiglia M., Pro-caspase-8 is predominantly localized in mitochondria and released into cytoplasm upon apoptotic sitimulation. J Biol Chem. 2001;276(11):8079-86.
64. Lane DP., Crawford LV., T antigen is bound to a host protein in SV40-transformed cells. Nature. 1979;278(5701):261-3.
65. Levine AJ., Tumor suppressor genes. Bioessays.1990;12(2):60-6.
66. Maddocks OD., Vousden KH., Metabolic regulation by p53. J Mol Med. 2011;89(3):237-45.
67. Ohsaka Y., Nishino H., Polymorphisms in promoter sequences of MDM2, p53 and p16 genes in normal Japanese individuals. Genet Mol Bio.2010;33(4):615-26.
68. Qiu P., Guan H., Dong P., Li S., Ho CT., Pan MH., McClements DJ., XiaoH., The p53- Bax-. P21- dependent inhibition of colon cancer cell growth by 5-hydroxy polymethoxyflavones. Mol Nutr Food Res.2011;55(4):613-22.
69. Bender A., Opel D., Naumann I., Kappler R., Friedman L., von Schweinitz D., Debatin KM., Fulda S., PI3K inhibitors prime neuroblastoma cells for chemotherapy by shifting the balance towards pro-apoptotic Bcl-2 proteins and enhanced mitochondrial apoptosis. Oncogene.2011;30(4):494-503.
70. Matzilevich DA et al., High-density microarray analysis of hippocampal gene expression following experimental brain injury. J Neurosci Res. 2002:67(5);646-63.
71. Becker AJ et al., Correlated stage-and subfield-associated hippocampal gene expression patterns in experimental an human temporal lobe epilepsy. Eur J Neurosci. 2003;18(10):2792-802.
72. Engel J Jr. Mesial temporal lobe epilepsy: what have we learned? Neuroscientist. 2001;7(4):340-52.
73. Hoshida T. Surgery for temporal lobe epilepsy: historical review and postoperative results. Brain Nerve. 2011;63(4):313-20.
74. Gambardella A., Labate A., Giallonardo A., Aguglia U., Familial temporal olbe epilepsies: clinical and genetic features. Epilepsia. 2009;50 Suppl 5:55-7 Review
75. Heuser K., Cvancarova M., Gjerstad L., Tauboll E. Is Temporal Lobe Epilepsy with childhood febrile seizures a distinctive entity? A comparative study. Seizure. 2011;20(2):163-6.
76. Uysal H., Cevik IU., Soylemezoglu F., Elibol B., Ozdemir YG., Evrenkaya T., Saygi S., Dalkara T., Is the cell death in mesial sclerosis apoptotic? Epilepsia. 2003;44(6):778-84.

77. Gorter JA., Gonçalves Pereira PM., van Vliet EA., Aronica E., Lopes da Silva FH., Lucassen PJ., Neuronal cell death in a rat model for mesial temporal lob epilepsy is induced by the initial status epilepticus and not by later repeated spontaneous seizures. Epilepsia. 2003;44(5):647-58.
78. Bote RP., Blazquez-Llorca L., Fernandez-Gil MA., Alonso-Nanclares L., Munoz A., De Felipe J., Hippocampal sclerosis: histopathology substrate and magnetic resonance imaging. Semin Ultrasound CT MR. 2008;29(1):2-14.
79. Dudek FE., Sutula TP., Epileptogenesis in the dentate gyrus: a critical perspective. Prog Brain Res. 2007;163:755-73.
80. Sloviter RS., The functional organization of the hippocampal dentate gyrus and its relevance to the pathogenesis of temporal lobe epilepsy. Ann Neurol. 1994;35(6):640-54.
81. Chuang YC., Mitochondrial dysfunction and oxidative stress in seizure-induced neuronal cell death. Acta Neurol Taiwan.2010;19(1):3-15
82. Waldbaum S., Patel M., Mitochondria, oxidative stress, and temporal lobe epilepsy. Epilepsy Res. 2010;88(1):23-45.

Printed by Books on Demand GmbH, Norderstedt / Germany